中国轻工业“十四五”规划教材
“互联网+”新形态立体化教学资源特色教材

服装工艺与缝制技术
——基础篇

主　编　方蕾蕾
副主编　张莉萍　曹文迪

中国轻工业出版社

图书在版编目（CIP）数据

服装工艺与缝制技术. 基础篇 / 方蕾蕾主编.
北京：中国轻工业出版社，2025. 4. -- ISBN 978-7
-5184-5064-0

Ⅰ. TS941.6

中国国家版本馆CIP数据核字第2024QP5413号

责任编辑：李　红　　责任终审：劳国强　　设计制作：锋尚设计
策划编辑：李　红　　责任校对：刘小透　晋　洁　　责任监印：张　可

出版发行：中国轻工业出版社（北京鲁谷东街5号，邮编：100040）
印　　刷：艺堂印刷（天津）有限公司
经　　销：各地新华书店
版　　次：2025年4月第1版第1次印刷
开　　本：889 × 1194　1/16　印张：8.5
字　　数：330千字
书　　号：ISBN 978-7-5184-5064-0　定价：49.80元
邮购电话：010-85119873
发行电话：010-85119832　010-85119912
网　　址：http://www.chlip.com.cn
Email：club@chlip.com.cn

221506J1X101ZBW

PREFACE | 前言

服装工艺是服装设计过渡到成品的重要组成部分，是服装设计思维转化为三维立体造型必不可少的工艺环节，是服装设计师必须掌握的专业技能。

本教材以新文科建设为契机，立足于服装专业的教学特点，以学生为中心，将最新理论、研究成果、行业前沿、实践成果、育人元素等有机融入，更好地满足教师的教学要求和学生的学习需求。

本教材是中国轻工业“十四五”规划教材，内容共有六章，全面细致地介绍了服装缝制工艺的相关知识与技法。其涵盖了服装工艺概论、制版与裁剪工艺、熨烫工艺、手缝工艺、机缝基础工艺等基础知识，口袋、领子、袖子等服装部件缝制工艺，内容覆盖面广、系统性强。此外，各章节融入思政元素，树立精益求精的工匠精神，传承中华服饰文化与制衣工艺，增强文化自信，厚植爱国情怀及社会主义核心价值观，将党的二十大报告中体现的新思想、新理念与专业知识、技能有机融合，帮助学生在学习专业技能的同时，提高道德素养，树立正确的世界观和价值观，坚守设计兴国的初心与使命。

本教材采用“纸质教材+数字化资源”的立体教材编写模式，除了使用实际缝制过程照片外，以二维码形式插入重难点操作视频，以多种方式表达呈现具体的缝制工艺细节，直观易懂；同时，以设计思考讨论、实践练习、思政训练等不同形式的学习任务，增强教材的表现力和指导性，方便使用者课堂内外使用。本书既可以作为高等院校服装专业教材，也可作为服装行业技术人员的参考用书及服装爱好者的自学指导读物。

编者

CONTENTS 目录

第一章 服装工艺概论

第二章

制版与裁剪工艺

第五章

机缝基础工艺

第六章

服装部件缝制工艺

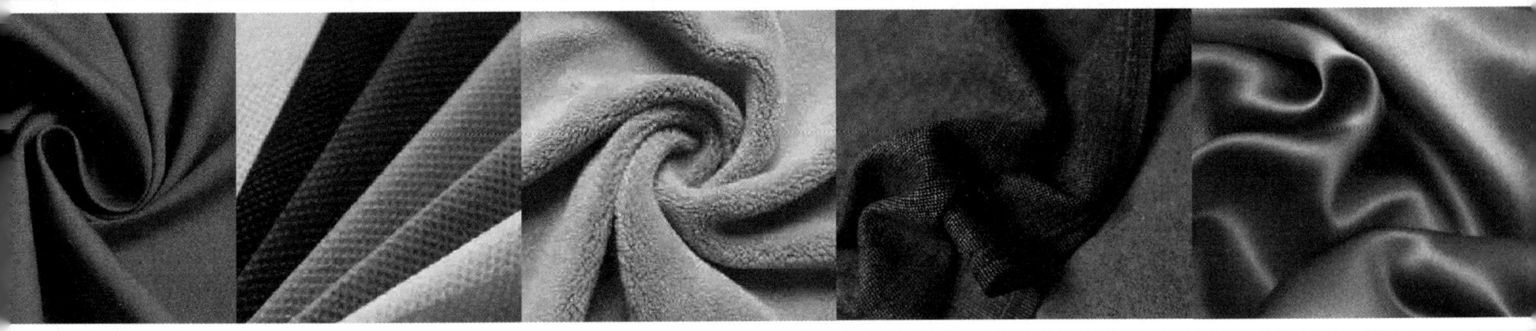

第一章 服装工艺概论

本章学习目标

1. 知晓服装生产历史发展脉络。
2. 认识主要服装工业生产设备。
3. 熟练使用常用的缝制工具及设备。
4. 熟悉各类服装材料及其使用情景。

思政元素融入

通过本章内容的学习，使学生了解中国服装生产发展历史与现状，领略中国制造、服装强国进程，培养学生的爱国主义精神，帮助其树立民族自信，增强其社会责任感和职业使命感；同时引导学生关注服装生产的行业前沿、国内外发展趋势，开阔行业及学科视野。

第一节 服装生产发展历程

一、服装生产发展史

早在十万年前的远古时代，人类的祖先已经学会了使用动物骨、筋制成的针、线，将兽皮、树叶等材料缝合成片来包裹身体。随着人类文明发展，服装加工工具不断有新的发明进步，这大大促进了成衣生产工艺的发展。

（1）原始手工缝纫时期。据考古史记载，在北京周口店山顶洞人遗址发现一枚骨针，公元前300年青铜器时期出现了铜针，14世纪出现了钢针，直到18世纪末，缝纫一直是手工作业。

（2）服装工业生产初期。19世纪初，欧洲资本主义近代工业兴起，英国人托马斯·山特（Tomas Saint）发明了手摇链式线迹缝纫机；19世纪30年代，法国人巴泰勒米·蒂莫尼埃（Barthélemy Thimonnier）制造了第一架具有实用价值的链式线迹缝纫机。这时，服装制作已由纯粹的手工操作发展到使用人力的机械操作阶段。直至19世纪末，马达驱动的缝纫机问世，人们才开始进行机械高速化、自动化及专门化的研究。1965年，美国胜家公司发明了自动切线装置，使缝纫效率提高了大约20%。

（3）服装工业生产中后期。世界各大缝纫机制造商都致力于研究各种缝纫机的自动切线装置和缝针自动定针等省力化机种。20世纪70年代，随着计算机技术的进步，日本重机（JUKI）、美国格伯（Gerber）等企业开始将数控（NC）技术应用于工业缝纫机，实现缝纫工序的程序化与标准化控制。

（4）现代服装工业生产。现今缝纫机种类纷繁，常见的加工工具和设备多达4000

余种，主要有平缝机、链缝机、绷缝机、包缝机、缲缝机、刺绣机、锁眼机、钉扣机、打结机等缝纫机械；有打褶机、拔裆机、粘衬机、各种部件熨烫机和成品熨烫机械；有摊布机、电动裁布刀、模板冲压机等裁切机械。随着电子计算机在服装工业中的广泛应用，各种诸如电脑自动排料、摊布、剪裁系统，色差疵点分辨系统，缝制功能的电脑控制系统以及将复杂工序组合而成的由单一机种完成的特殊机种，将大量被使用于生产过程中，成衣的生产工艺无论方法还是组织形式，都在产生质的变化。

二、中国服装生产的发展演化

（1）中国服装生产萌芽期。中国历来有“衣冠王国”之称，其服装历史悠久、技艺精湛、色彩绚丽、内涵丰富。但由于几千年封建社会制度束缚，影响了科学技术和生产力的发展，致使我国的服装工业发展十分缓慢，服装制作的生产方式长期停留在“家务劳动”和“个体裁缝或裁缝铺”的阶段，“工场手工业”并不多见。直到19世纪，随着西方服饰文化传入，东南沿海的一些商埠逐步兴起了工商一体、前店后厂的规模化经营模式。此时，出现了四大主要服装生产派系：专门制作和生产西式服装外衣的“红帮”裁缝；专门制作和生产西式服装内衣、衬衣及婚礼服等的“白帮”裁缝；专门生产和制作中国传统服装的“中式”裁缝；专门生产军需被服和成衣的“大帮”裁缝。

（2）中国服装工业生产发展期。中华人民共和国成立后，特别是改革开放后，服装生产步入发展的快车道。由于缝纫机在服装生产中的推广使用，一些纺织服装加工坊规模相应扩大，逐渐形成一批以工业方式生产男衬衫、西裤、风雨衣、职业装的中小型服装工厂，手工操作的服装工艺过程逐渐发生变化。随着社会主义改造的推进，后又形成了国营、公私合营、集体、个体四类不同的服装生产形式。20世纪七八十年代，随着经济的发展和体制改革的不断深入，国家为了切实解决好人民的穿衣问题，扭转“买衣难”“做衣难”的局面，对成衣生产的体制进行了调整，成衣生产的渠道也不断拓宽。目前已形成纺织服装的合资企业、独资企业、乡镇企业、民营企业、个体户等系统的多种生产渠道。

（3）中国服装工业生产成熟期。随着改革开放的不断深入，我国服装业获得了飞速发展。现今，我国已成为世界最大的服装生产国和出口国。据统计，2022年我国纺织品服装出口额超3200亿美元，创历史新高。服装已成为我国国际贸易中的大宗商品。服装工业已成为国家积累资金扩大外汇收入的重要来源。

随着世界新技术革命高潮的到来，在电子技术时代和网络信息时代，各种微电脑、气动技术、激光技术及电子群控技术等科学技术将被广泛应用到服装生产领域。展望未来，一个技术密集型的服装生产形式将逐步建立，我国服装工业必将进入一个从设计到成衣制作高速化、自动化、高效率的新时代。

服装材料的不断更新和发展，也推动了成衣工艺向现代化方向发展。服装材料可采用天然的动物纤维、植物纤维、矿物纤维和人造纤维、合成纤维织制而成，也可以采用各类纤维混纺、交织。随着科技的进步，新型高科技纤维如彩棉、牛奶纤维、异性纤维、超细纤维、氨纶、芳纶等的发展，以及新型辅料的开发与应用，使服装加工工艺和加工设备有了新的突破，各种新的服装整理技术、湿热加工工艺、黏合技术得到发展，改进了服装部件的组合形式，促进了旧工艺的改进和新工艺的发展，大大提高了加工效率和成品质量，使服装朝轻、薄、软、挺的方向发展。

服装品种的发展和款式流行趋势，对成衣工艺产生了显著影响。服装种类的不断增加主要体现在两个方面：一是新品种的不断增加，如潜水服、屏蔽服、消防服、抗菌服、航空航天服等不同职业的服装，这些服装有着各自的特殊要求，促使了各种新工艺的形成和发展；二是随着人们文化修养和生活水平的提高，服装款式的流行趋势也朝着多样化、个性化方向发展，形成了服装“多品种、小批量、短周期”的特点。这就要求服装加工工艺和设备朝着高效率、高质量、多功能的“快速反应”方向发展。诸如集团式流水作业和吊挂传输系统等生产形态的产生，使得生产组织更加机动灵活，生产效率大大提高，生产质量也更加稳定。这对生产工人的工艺技术素质提出了更高的要求，使我国从服装大国向服装强国迈进。

三、服装现代智能制造

服装行业的智能制造是什么？与其他行业相比，服装行业的智能制造模式存在着显著差异。服装行业的智能制造模式旨在从根本上解决高库存、密集型劳动力问题。其主要目标是通过综合性的产品生产和销售管理，实现高效的生产力与足够的销量匹配，从而使普通产品的售罄率达到80%，并提供大规模定制服务。服装智能制造模式的核心是在整条价值链中，能够根据需求波动调节生产数量和产品质量标准的高低，灵动适应市场变化。

服装业作为传统的劳动密集型产业，在过去的几十年，中国依靠自身的人口红利得到快速发展。随着互联网技术的广泛应用，消费模式的改变让消费需求发生了巨大变化。传统的服装制造和销售模式已无法应对多样的消费群体，劳动成本增加、库存压力等一系列问题成为制约服装企业发展的枷锁。同时，国际快时尚品牌的入驻更让传统服装企业雪上加霜，面对这一系列问题，国内服装企业纷纷提出“中国制造2025”智能制造计划，通过智能化制造模式实现产业转型和升级。一些服装公司基于云计算、物联网、互联网和信息化等技术，研发了多个智能系统，如自动设计制版系统（CAD）、物料管理系统（WMS）、生产计划管理系统（APS）、跨境电商定制直销平台（C2M）等，实现了远程个性化定制、质量管控流程信息化、生产过程集成协同操作、云端售后服务等。例如“犀牛智造”的生产信息系统就如同战场上士兵的身份识别牌，每一件产品从消费者下单开始就获得一个ID，记录了产品的材料、款式、版型、工艺、交期等生产信息；智能缝纫系统则如同士兵的枪、炮，包括智能平缝机、上袖机、敷衬机、自动钉扣机等；智能吊挂系统则如同战场上后勤运输保障部队，它可以将服装的裁片、半成品或成品挂在衣架上，根据生产加工工艺的要求，按照计算机设定的工序流程，自动将其送到下道工序的员工工位上。

时尚产业目前形势日益复杂。尽管快时尚目前非常流行，但个性化定制服务的需求也在不断增加。快时尚和个性化并存的局面迫使各大公司从传统模式转型为更快、更新、更个性化的商业模式。针对服装供应链的复杂性以及末端的多变性，服装品牌和制造商正在建立快速反应机制，将云计算、物联网和3D技术有效地运用到生产制作中，以打造以数据驱动的更为敏捷、柔性的供应链，从而提升整个供应链的沟通协作能力。

第二节　服装工业缝制设备

现今服装生产已是成衣化、规模化。随着科学技术的提高，服装款式、服装材料更加多样化，服装工业生产中的缝制设备种类繁多，常见的加工工具和设备多达4000余种，本节将介绍几种常用的工业缝制设备。

一、常用工业缝制设备

1. 平缝机（图1-2-1）

平缝机是最常用的缝纫设备，通过针、梭两根缝线形成锁式线迹，可将两层或多层缝料缝合，有普通高速平缝机和电脑高速平缝机之分。平缝机的结构及操作方法详见第五章第一节。

图1-2-1　平缝机

2. 包缝机

包缝机主要有三线包缝机、双针四线包缝机、双针五线包缝机。

三线包缝机和双针四线包缝机（图1-2-2）可用于锁毛边，也可用于服装的缝合，包缝后的线迹有一定的伸缩性。双针五线包缝机，成缝后形成一条链式缝合线迹与三线包缝线迹的组合，用于梭织和针织面料衣片的合缝，缝份只能倒缝。三线包缝机的操作方法详见第五章第三节。

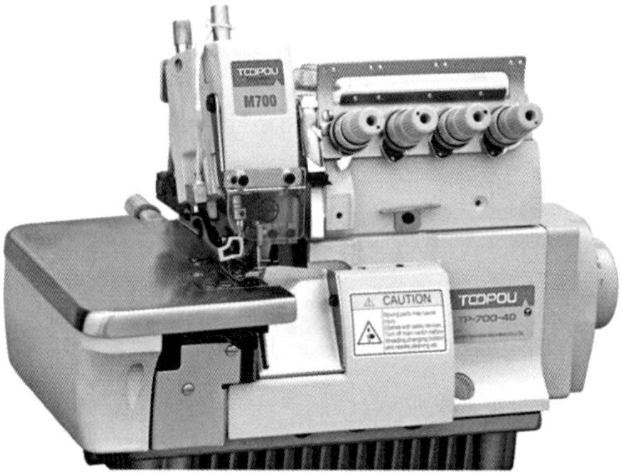

图1-2-2　双针四线包缝机

3. 锁眼机

锁眼机（图1-2-3）主要用于加工各类服饰中的扣眼，分为平头锁眼机（直眼机）和圆头锁眼机（凤眼车），又分收尾和不收尾两种，是服装机械中非常重要的一种专用设备。薄料、普通厚度面料服装一般采用平头扣眼锁缝；中厚料、厚料服装一般采用圆头扣眼锁缝。

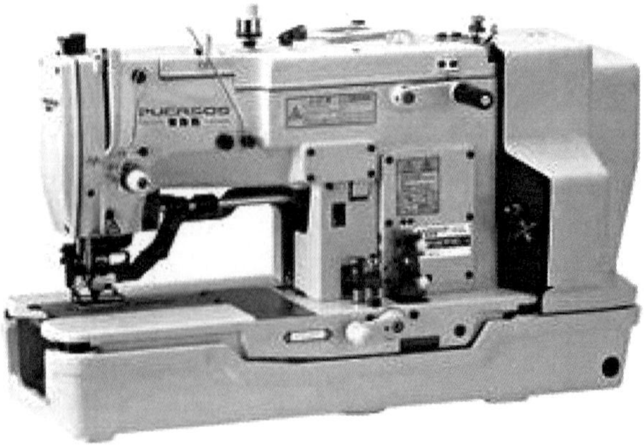

图1-2-3　锁眼机

4．钉扣机

钉扣机（图1-2-4）最常用于圆盘形二眼或四眼（又称平扣）纽扣的缝钉。通过替换各种专用钉扣机附件，一台钉扣机可以缝钉带柄扣、金属扣、子母扣、缠脚扣等各类纽扣。

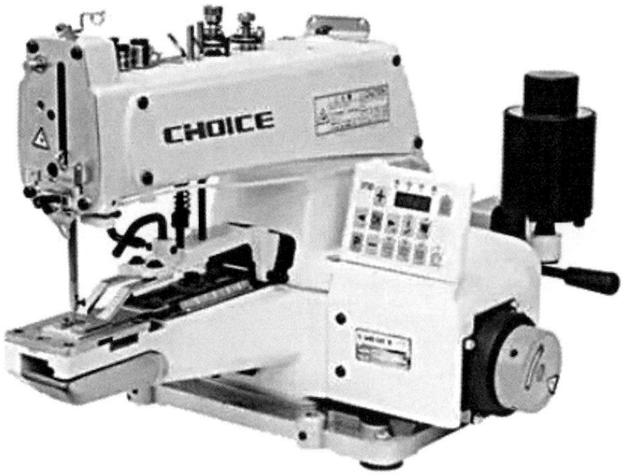

图1-2-4　钉扣机

二、特殊工业缝制设备

1．暗缝机

暗缝机（图1-2-5）主要用于西服驳头、衣领、袖口、下摆、衬里、裤脚口等部位缲边。它能够将两块布料牢固地缝合在一起，同时隐藏缝合痕迹，使得缝合部位更加美观。

图1-2-5　暗缝机

2．曲腕机

曲腕机（图1-2-6）又称埋夹机、三针链缝机、三针卷接缝机，主要用于制作悬臂筒形的特殊结构，如袖、裤等筒形部件的搭接缝纫。

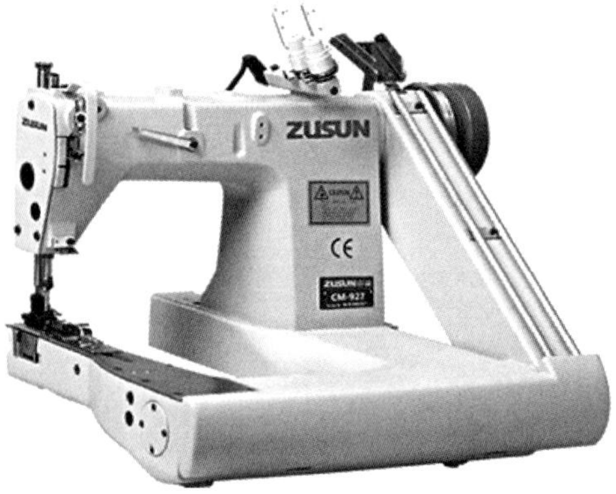

图1-2-6　曲腕机

3. 平缝打结机

平缝打结机（图1-2-7）适用于西服、牛仔裤、工作服等各类服装受力部位的加固结缝制和圆头扭孔封尾加固。

图1-2-7　平缝打结机

4. 电子花样机

电子花样机（图1-2-8）可用于车缝各种形状的口袋，如圆形、方形、曲线形、不对称形；同时也可用于车缝标牌、包带等服饰品，因此也是鞋厂、箱包厂、皮具厂等的常用缝制设备之一。

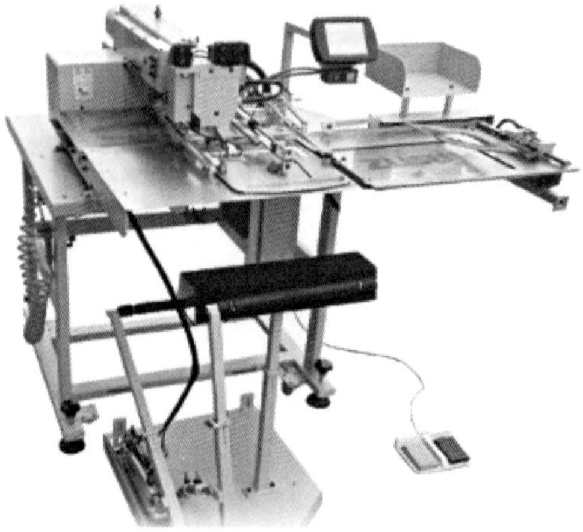

图1-2-8　电子花样机

第三节　常用缝制工具

1. 剪刀

服装制作中常用的剪刀有以下几类：

（1）裁剪剪刀，用于裁剪面料和纸样，裁剪面料和纸样的剪刀最好分开。裁剪剪刀在大小上有9#、10#、11#、12#之分（图1-3-1）。

（2）锯齿剪，可用于面料边缘的防脱散处理及装饰处理（图1-3-2）。

（3）线剪，主要用于缝制过程中剪断线或缝制完成后剪线头（图1-3-3）。

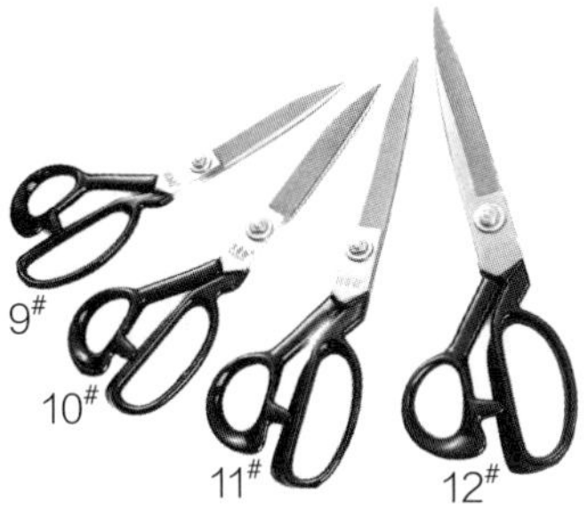

图1-3-1　裁剪剪刀

图1-3-2　锯齿剪

图1-3-3　线剪

2. 针

服装制作中常用的针有以下三类：

（1）缝纫机针，有工业缝纫机针和家用缝纫机针之分，如图1-3-4所示。缝纫机针的选用与面料厚薄有关，见表1-3-1。缝纫机针的号数越大，针杆就越粗；缝纫机针的号数越小，针杆就越细。最常用机针型号是90/14号。

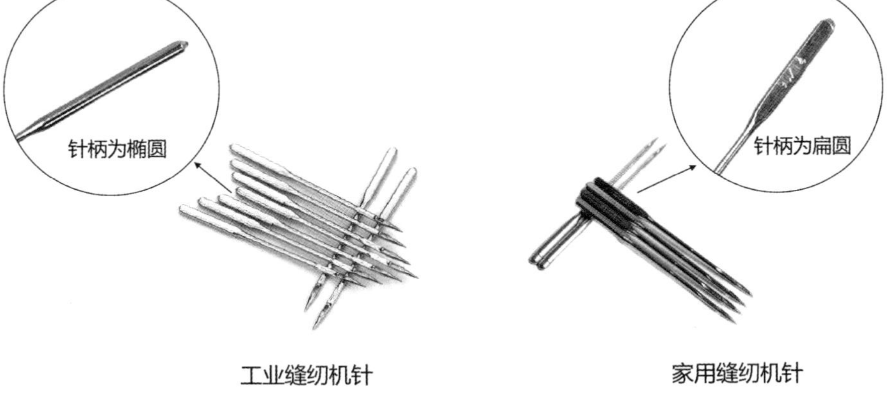

图1-3-4　缝纫机针

表1-3-1 面料与缝纫机针选用

缝料种类	针号
薄纱布、薄绸、细麻纱、麻纱等	65/9
薄麻布、绸缎、薄衬衣料及人造棉等	75/11
各种被单布、粗布、斜纹、薄质呢绒、厚料布等	90/14
粗厚棉布、薄绒布、哔叽、厚绸缎、灯芯绒等	100/16
各种厚绒布、薄帆布、大衣呢等	110/18
厚呢绒	120/19
骆驼绒、各种特厚呢绒	130/21

（2）手缝针，是指在手工缝纫时使用的针，也称手针。手缝针也有不同型号，可根据不同布料、不同针法及技术要求进行选择，详见第四章第一节。

（3）珠针/大头针，在缝制过程中用于裁片的临时定位，宜选用细而长的针型（图1-3-5）。

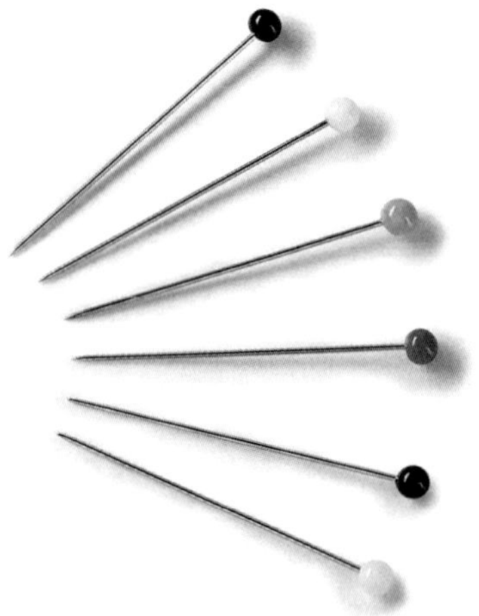

图1-3-5 珠针/大头针

3. 缝纫线

缝纫线是缝制的基本材料。常用的缝纫线从形状上分有两种：一种较小，呈圆柱形，为直管线，适用于家用缝纫线上单件服装的缝制；另一种较大，为宝塔线，适用于工业缝纫机上服装的缝制及包缝机、锁眼机、绷缝机等特种机。

（1）缝纫线的型号。常用缝纫线的型号有202、203、402、403、602、603等，型号前两位表示单纱的英支数，最后一位的2或3分别指该缝纫线是由两股或三股纱并捻而成。例如，603就是由3股60英支纱并捻而成。

602号线最细，多用于薄型面料，如夏季穿的真丝、乔其纱等；603和402线是最普通的缝纫线，一般面料都可以使用，如棉、麻、涤纶、粘纤等；403线用于较厚面料，如呢制面料等；202和203线也可称为牛仔用线，线较粗，强度大，专用于牛仔布。

（2）缝纫线的材质。从材料上分，缝纫线有涤纶线、涤棉线、丝线等。纯棉软线适用于棉等素色织物的服装，可用于手缝、包缝、扎衣样；丝光棉线用于棉织物缝纫；蜡光线用于皮革等硬面料或需高温熨烫面料的缝纫；涤纶长丝线用于缝制军服等结实耐用的服装；涤纶弹力丝线用于缝制健美服装、运动服等弹力服装；涤纶短线用于混纺织物服装；锦纶长丝线用于缝制化纤、呢绒、针织物等有弹性且耐磨面料的服装。

（3）缝纫线的选用。缝纫线的色泽与面料要一致，除装饰线外，应尽量选用相近色，且宜深不宜浅；缝纫线缩率应与面料一致，以免缝纫物经过洗涤后缝迹因缩水过大而使织物起皱；高弹性及针织类面料应使用弹力线；缝纫线粗细应与面料厚薄、风格相适宜；缝线材料应与面料材料特性接近，线的色牢度、弹性、耐热性要与面料相适宜，尤其是成衣染色产品，缝纫线必须与面料纤维成分相同。

4. 梭壳、梭芯

梭壳、梭芯（图1-3-6）是缝纫机中的配件。梭芯的作用是将线绕住，将梭芯装入梭壳后，形成底线。

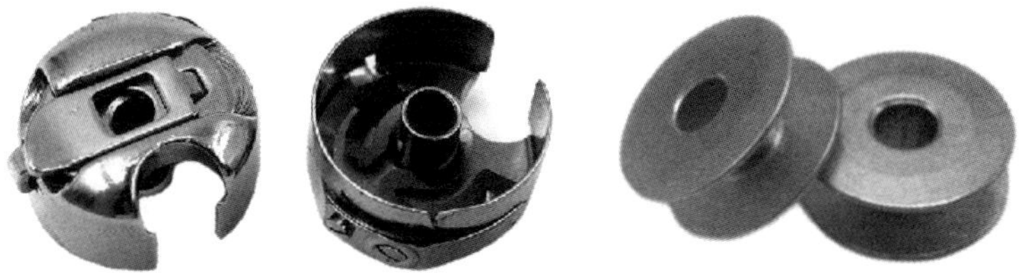

梭壳　　　　梭芯

图1-3-6　梭壳、梭芯

5. 压脚

压脚的种类很多，有普通平压脚和其他专用压脚，如图1-3-7所示。普通压脚是缝纫机中使用最广泛的压脚之一，主要用于日常缝纫任务，其他专用压脚下面将具体介绍。根据需要配置适当的专用压脚，可有效提高缝制效率和缝制质量。

（1）单边压脚：单边压脚有左右向之分，只在机针一侧提供压力，主要用来安装普通拉链和滚边滚条，根据缝制方向选择左、右单边。

（2）隐形拉链压脚：隐形拉链压脚底部有双凹槽，可以容纳隐形拉链的齿，紧贴隐形拉链齿进行缝纫，适用于裙子、裤子、上衣等服装上隐形拉链的缝制，可以实现缝合部位平服、拉链齿密合的效果。

（3）卷边压脚：卷边压脚可用来完成服装卷边操作。卷边压脚的原理是压脚前端有螺旋状引导槽，缝料可以自动卷入，将布料边缘卷起细窄的三折边，可用直线针迹进行缝合。该压脚适用于一些薄面料的卷边处理。

（4）塑料压脚：用于皮革、塑料等涂层类、非织造类制品的缝制。

（5）高低压脚：压脚前端底部的两侧高低不同，用于具有两侧高低不平的缝料，如衣片前门襟止口、领子的止口等部位的缝制。

另外还有抽褶压脚、嵌线压脚、导带压脚、橡筋压脚等。

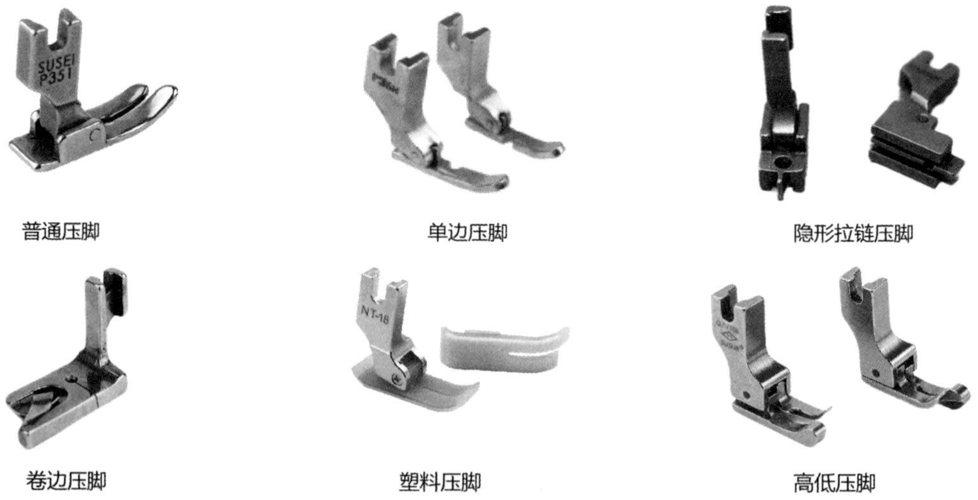

图1-3-7　各类常用压脚

6. 尺

尺常用于服装的制图和测量。服装制作中常用的尺有以下四类，如图1-3-8所示。

（1）直尺：用于直线的绘制与尺寸的量取。

（2）放码尺：用于样板的放缝，也可在作图或划样时用于画直线。

（3）弧形尺：用于衣片的袖窿、领圈及裤片的裆弯等弧线部分的绘制。

（4）软卷尺：用于身体各部位尺寸、纸样中弧线长度的测量，成衣各部位尺寸的测量。

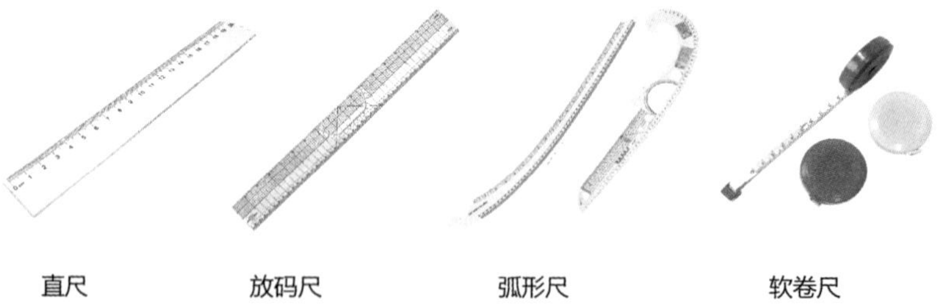

图1-3-8　服装缝制中常用的尺

7. 其他缝制辅助工具

（1）针插：用于插入手缝针和珠针（大头针），便于取用（图1-3-9）。

（2）划粉：用于在面料上划线。画线要细，画错时，可轻轻拍去粉线。若用在浅色面料上，宜选用与面料相近的划粉（图1-3-10）。

（3）镊子：用于翻出服装中的一些尖角、直角部位，如邻角、下摆角、袖口等部位。也可用于缝制时推送上层面料，使上下层面料平齐。镊子还可以用来拆线。弯形镊子可用来拔除线钉和线头（图1-3-11）。

图1-3-9　针插

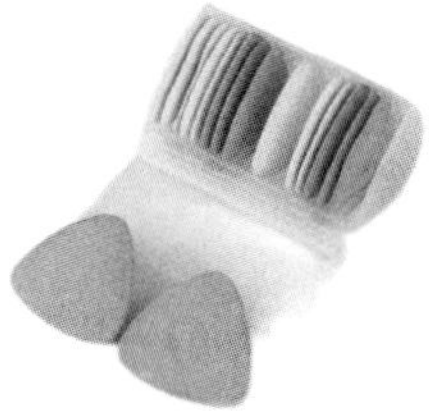
图1-3-10　划粉

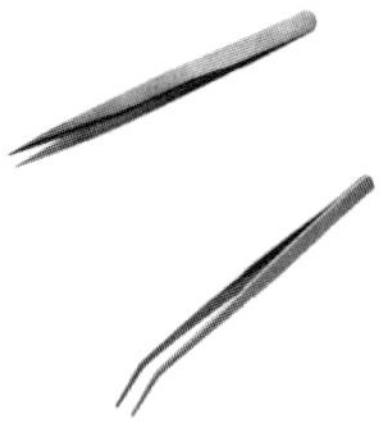
图1-3-11　镊子

第四节　服装材料

服装材料是指构成服装所用的所有材料，包括面料和辅料。

服装材料的选择是服装设计生产中极其重要的一环。选择服装材料时，既要明确对具体服装类别性能和美学的要求，又要了解各种服装材料的性能特点，在此基础上，才能正确选择可以满足这些要求的服装材料。

一、服装面料

1. 服装面料种类

面料指的是服装表面的主体材料。面料种类繁多，按照织造方式可以分为梭织面料、针织面料、非织造布、编织物、皮毛和皮革等（图1-4-1）。

图1-4-1　服装面料种类（按织造方式）

（1）梭织面料：用两组纱线（经纱和纬纱）在织机上按照一定规律垂直交织成的片状纺织品。

（2）针织面料：用一组或多组纱线通过线圈相互串套的方法勾连成片的织物。它可以生产一定幅宽的坯布，也可以生产一定形状的成品件。按生产方式不同又可分为纬编针织物和经编针织物两类。

（3）非织造布：以纺织纤维为原料，经过黏合、熔合或其他化学、机械方法加工而成的薄片或毛毡状制品。

（4）编织物：指纱线用结节互相连接或钩编、绞编等手法制成的制品，如网、花边、绳带等。

（5）皮毛：又称裘皮，是经过鞣制的动物毛皮，由皮板和毛被组成。

（6）皮革：经过加工处理的光面或绒面动物皮板。

按原材料种类可分为，棉织物、麻织物、毛织物、丝织物、化学纤维织物（图1-4-2）。

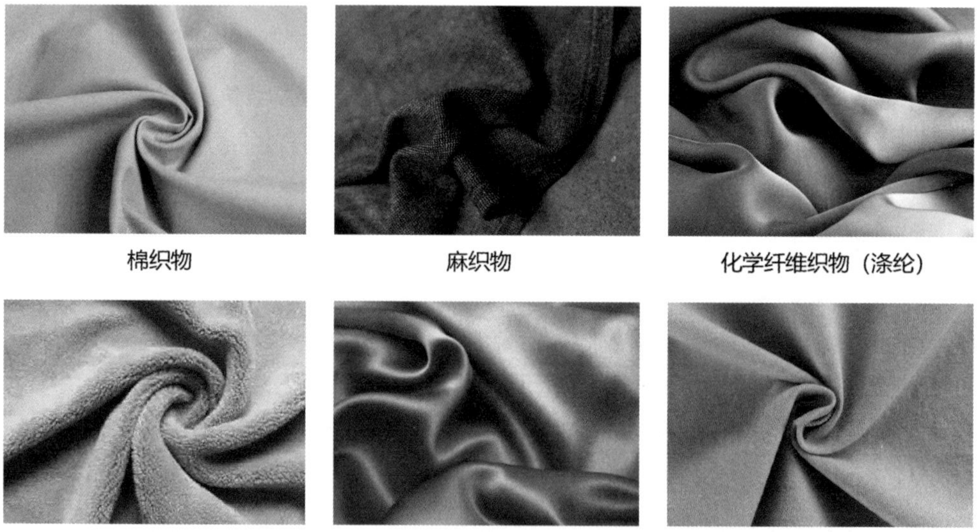

棉织物　麻织物　化学纤维织物（涤纶）

毛织物　丝织物　化学纤维织物（氨纶）

图1-4-2　服装面料种类（按原材料）

（1）棉织物：棉织物是服装材料中使用非常多的一类织物。因其手感柔软、穿着舒适而受到消费者的欢迎。特点是吸湿性好、手感柔软、不容易被虫蛀，但抗皱性差（经树脂整理可提高其抗皱性和服装的保型性）、容易发霉、缩水率大。常见的品种有平布、府绸、斜纹布、卡其、绒布、灯芯绒、麻纱、泡泡纱、牛津布、纱罗、牛仔布等。

（2）麻织物：麻织物是舒适且具有粗犷风格的服装用织物，颇受各阶层消费者的喜爱。麻纤维用于制造面料具有非常悠久的历史，但我国麻纺织业发展及麻织物的应用起步较晚，高质量、高附加值产品的研制与开发是发展的方向与重点。其特点是吸湿性极好，但表面纱线粗细不均、条影明显，较棉布硬挺，易起褶皱。常见的品种有纯麻细布、靛蓝劳动布、纯麻爽丽纱、麻涤混纺布、麻棉混纺及交织物、麻丝交织或混纺织物等。

（3）毛织物：毛织物是服装用织物中的高档品种。按其生产工艺可分为精纺毛织物和粗纺毛织物。其特点是织物光泽柔和、手感软而富有弹性、保暖性良好，但容易被虫蛀。常见的品种有凡立丁、派力司、哔叽、华达呢、麦尔登、大衣呢、法兰绒、粗花呢、精纺花呢等。

（4）丝织物：丝织物外观绚丽多彩、光泽柔和、悬垂、飘逸，摩擦时具有特殊的丝鸣声，素有“衣料皇后”之称。其特点是强度较好、光泽柔和明亮、手感爽滑柔软、高雅华贵，但抗皱性较差、耐光性差、容易被虫蛀和发霉。常见的品种有绡、纺、绉、缎、锦、绢、绫、罗、纱、绸等。

（5）化学纤维织物：化学纤维织物中有很多产品具有天然纤维织物传统品种的风格特点。由于纤维性质和纱线结构的不同，造成织物服用性能上的较大差异。常见的种类有粘胶纤维织物、涤纶织物、氨纶弹力织物等。

2. 服装面料选用

（1）选用原则。

①功能原则，即选择面料时需要考虑服装功能的要求。②色泽原则，即面料的颜色和图案需与设计要求相符。③质感原则，即多种面料搭配时需考虑面料的厚薄、软硬、缩率等是否协调、匹配。④工艺原则，即面料需符合服装缝纫、熨烫等工艺要求。⑤价格原则，即面料的价格成本需与服装档次相匹配。选用面料时，基于上述原则，需要根据实际情况综合考虑，尽力兼顾，如不能顾及时可以有所取舍和侧重。

（2）选用实例。常用面料选用实例见表1-4-1。

表1-4-1 常用面料选用实例

服装类型	常用面料
男西服套装	全毛牙签条花呢、涤粘混纺花呢等
男西裤	纯涤纶仿毛织物、涤粘混纺板司呢、涤棉混纺卡其等
男、女衬衫	府绸、纯棉细布、丝光棉布、粘纤丝交织缎、真丝面料、全棉条格色织布、玉米纤维面料、牛奶纤维面料等
风衣、夹克衫	卡其、全棉粗棉布、仿麂皮等
女便服	全棉条绒、全棉条格色织布、全棉牛仔布、针织面料等
睡衣	全棉毛巾布、全棉针织布、莫代尔针织布、真丝缎面料等
童装	全棉或涤棉印花布、条格布、棉绒布、泡泡纱、人造毛皮等
羽绒服	涤棉高密全线府绸、锦纶涂层塔夫绸等
礼服	丝绒、软缎、锦缎、金银丝闪光面料等
旗袍	真丝双绉、绢纺、织锦缎、古香缎、金丝绒等

二、服装辅料

服装辅料是除面料之外的其他所有的服装材料，包括里料、衬料、絮填料、垫肩、缝纫线、花边、纽扣、拉链、绳、带、钩、襻等（图1-4-3）。服装辅料对于实现服装设计意图也起着重要作用。了解辅料的有关知识，正确掌握和选用辅料，并在外观、性能、质量和价格等方面与面料合理配伍，是服装工作者所必备的专业基础素质。

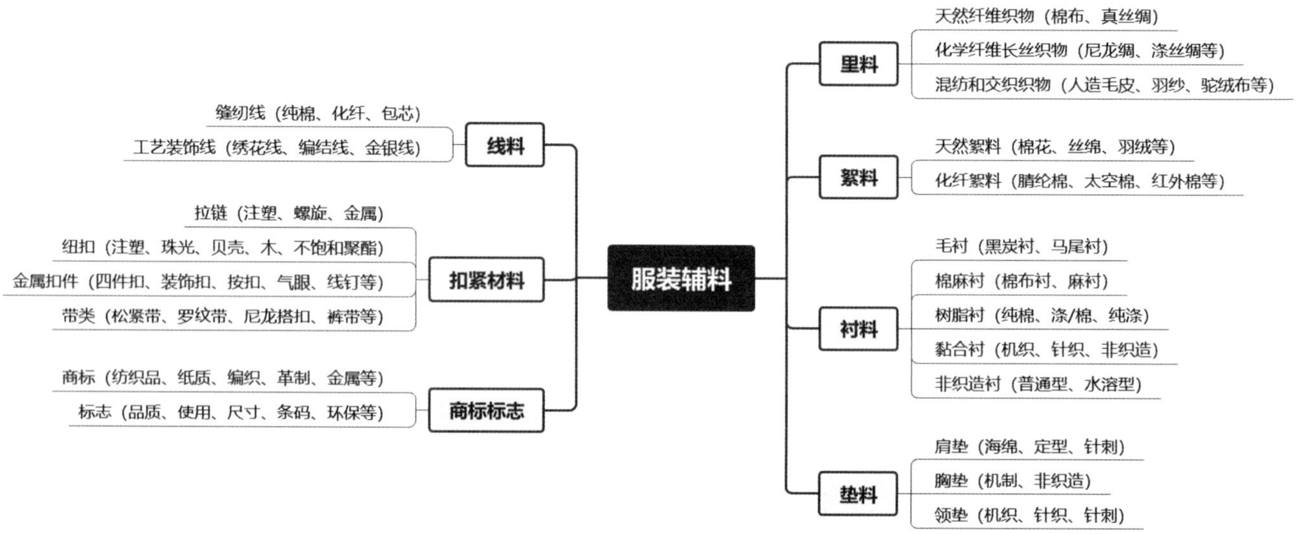

图1-4-3 服装辅料分类

1. 里料

里料是服装最里层，用来部分或全部覆盖服装反面的材料，使服装的反面光滑、美观、穿脱方便、增加保暖性的材料。

2. 絮填料

絮填料是介于面料与里料之间起隔热作用的服装材料。

3. 衬料

衬料是介于面料与里料之间起支撑作用的服装材料。衬料的作用大致可归纳为以下几个方面：

（1）便于服装的造型、定型、保型。

（2）增强服装的挺括性、弹性，改善服装立体造型。

（3）改善服装悬垂性和面料的手感，改善服用舒适性。

（4）增加服装的厚实感、丰满感，提高服装的保暖性。

（5）给服装局部以加固、补强。

衬料种类很多，有棉衬、麻衬、毛衬、树脂衬，还有各类新型黏合衬料，如图1-4-4所示。其中黏合衬是近年来使用非常广泛的衬料之一。

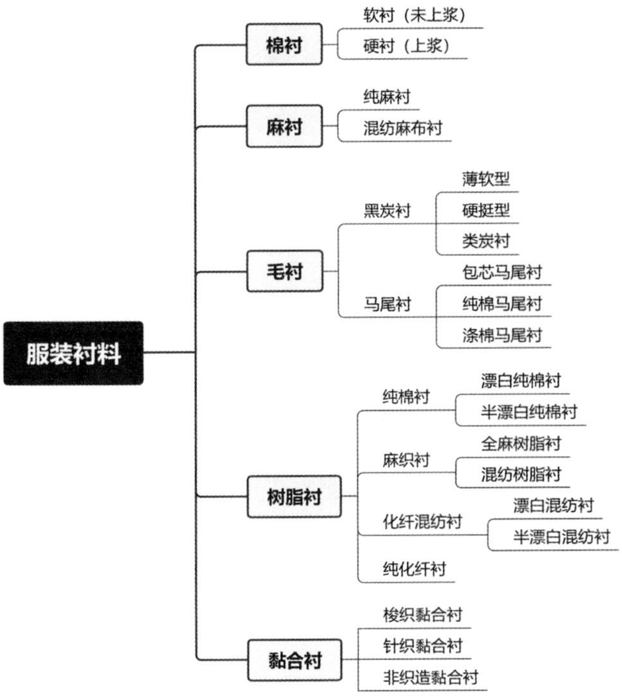

图1-4-4 服装衬料分类

黏合衬是指在基布的一面涂上一层热塑性的黏合树脂，通过一定的温度与压力，就可以与其他织物黏合在一起。

黏合衬的出现与应用使传统的服装加工业发生了巨大变革，它简化了服装的缝制工艺，提高了缝制水平，使得服装获得轻盈、挺括、舒适、保型等多方面的效果，大大提高了服装外观质量和内在品质。我国的黏合衬生产和应用起步较晚，20世纪70年代末仅有少量的生产和应用，80年代，黏合衬的生产和应用飞速发展，进入90年代，衬料的需求量迅速增加，服装用黏合衬比例上升至50%以上，同时国产黏合衬的品种也有了很大发展，质量有了很大提高。

（1）黏合衬的结构。如图1-4-5所示为黏合衬的黏合原理示意图。黏合衬的构成包括3个方面：①基础材料，也称基布。②热塑树脂，一种合成树脂，受热时熔化，冷却后恢复其原始固有状态。③涂层，一定数量的黏性涂层使树脂能够安全地附在基布上。黏合后的材料称为黏合布。

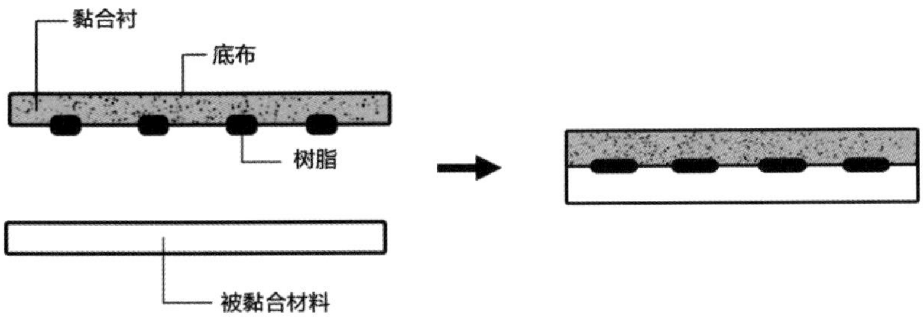

图1-4-5 黏合衬黏合原理示意图

（2）黏合衬的分类。根据基布、热熔胶品种、性质、加工制作方法、性能、应用范围、黏合方法和效果等的不同，黏合衬的品种多达上千种。黏合衬的分类方式也有很多种，如图1-4-6所示。

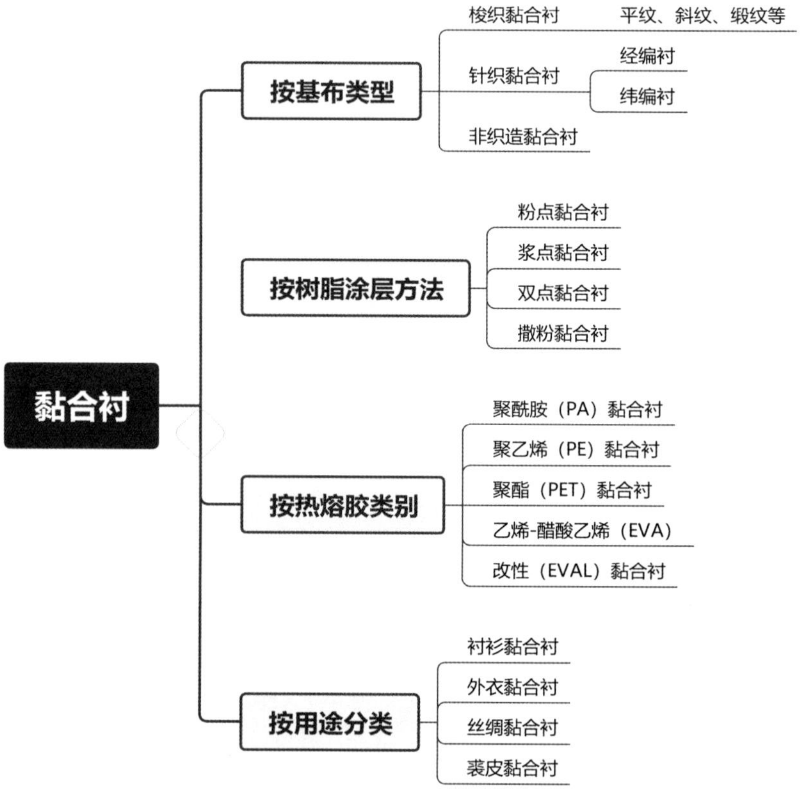

图1-4-6 黏合衬的分类

按基布类型分类，可分为梭织黏合衬、针织黏合衬和非织造黏合衬（无纺衬）；按树脂涂层方法分类，可分为粉点黏合衬、浆点黏合衬、双点黏合衬和撒粉黏合衬；按热熔胶类别分类，可分为聚酰胺（PA）黏合衬、聚乙烯（PE）黏合衬、聚酯（PET）黏合衬和乙烯-醋酸乙烯（EVA）及改性（EVAL）黏合衬。按用途分类，可分为衬衫黏合衬、外衣黏合衬、丝绸黏合衬和裘皮黏合衬。

（3）黏合衬的选用。黏合衬的种类很多，功能也不尽相同。因此，黏合衬选用是否得当与服装的外观造型和内在质量密切相关。正确选择黏合衬应考虑以下几个方面：

①服装类型。如棉布、化纤面料等服装以水洗为主，穿用周期短，用衬部位少，可选用聚酯或聚乙烯类黏合衬；西服、大衣等呢绒类服装以干洗为主，要求有较好的保型性，穿用周期长，手感柔软而有弹性，一般选择质量较好的聚酰胺类黏合衬；丝绸类服装手感滑爽，悬垂性好，轻盈飘逸，一般可选配轻薄的非织造或针织黏合衬。

②服装部位。如前身片要求造型饱满挺括，尺寸稳定，手感柔软而有弹性，悬

垂性好，一般选用梭织黏合衬或经编衬；衬衫领要求硬挺而有弹性，一般选配经树脂硬挺整理的平纹梭织黏合衬；服装的袖口、脚口、下摆等部位应选轻薄的非织造黏合衬。

③面料特性。如厚面料应选用厚型黏合衬，薄面料应选择薄型黏合衬；悬垂性好的面料应选择弹性好、重量轻的非织造黏合衬；弹性面料选择弹性好的针织黏合衬；一般黏合衬比面料轻薄一些。

（4）黏合衬的压烫工艺。

①黏合设备。常用的黏合设备有3种：熨斗、平板黏合机、传送带黏合机。单件成衣缝制时可使用熨斗压烫黏合衬，大批量生产成衣时则需要用到平板黏合机、传送带黏合机这样的专用黏合设备。

平板黏合机具有多种尺寸、型号和性能。这种黏合机有上、下两层黏合板，可以通过电加热为单层或双层的黏合板加热。下层的黏合板是静止的，上层的黏合板在下降时加热，以便进行黏合，并经过冷却后再抬起。大部分平板黏合机装有时间和程序的自动控制装置，能达到高水平的黏合质量。

传送带黏合机也称连续式黏合机，无论有没有要黏合的衣片，它都可以连续运转。这种设备可以调节传送带的速度、控制黏合的温度和压力，适合于不同长度和宽度的被黏合材料，可以自动输入和输出被黏合的材料。较先进的传送带黏合机装有微电脑，可以自动控制黏合过程。

②黏合三要素。无论采用何种黏合衬或黏合设备，黏合过程都由三个要素控制，即温度、时间和压力。每一种黏合树脂都有它自己的有效温度范围，温度太高，容易使树脂渗透到面料的正面；温度太低，树脂的黏性不足，难以粘到面料上。黏合时间是指面料与黏合衬在加热区域受压力的时间，由黏合衬的厚薄疏密、树脂熔化温度的高低等决定。压力是指面料与黏合衬之间需要施加一定的压力。若要达到理想的黏合效果，必须对各要素进行合理组合。各类黏合衬的压烫工艺参数可参照表1-4-2。

表1-4-2 各类黏合衬的压烫工艺参数

应用范围	用衬类型	压烫条件		
		温度/℃	压力/MPa	时间/s
外衣	PA	140～160	0.3～0.5	15～20
男女衬衣	PET	140～160	0.3～0.5	10～16
男衬衣	PE	160～170	0.3～0.7	10～15
服装小件	PE	120～140	0.3～0.5	10～15
皮衣	PA	100～130	0.1～0.4	6～20
裘皮服装	EVA	80～120	0.1～0.3	8～12

看一看：黏合操作演示

使用黏合衬时需要注意黏合衬的纱线纹路。通常，梭织或针织黏合衬的纱线方向要与被黏合的面料的纱线方向一致。非织造黏合衬一般要看其中纤维的排列方向，并要看所裁衣片的功能。非织造布中的纤维有明确的方向性时，使它的纹路与面料的纱线方向保持一致，效果会更好。

思考讨论

1. 请说出五种常用的缝制设备和工具。
2. 缝纫机针的选用与面料有怎样的关系？
3. 服装面料有哪些种类？其特点是什么？
4. 黏合衬的作用是什么？其结构包括哪几个方面？
5. 常用的黏合设备有哪几种？

思政训练

1. 如今智能制造在国内服装界已经形成趋势，在“中国制造2025”的大背景下，服装制造企业尤为积极，这是为什么呢？

2. 传统服装企业从“制造”走向“智造”，你作为一名服装行业工作者，能做些什么？

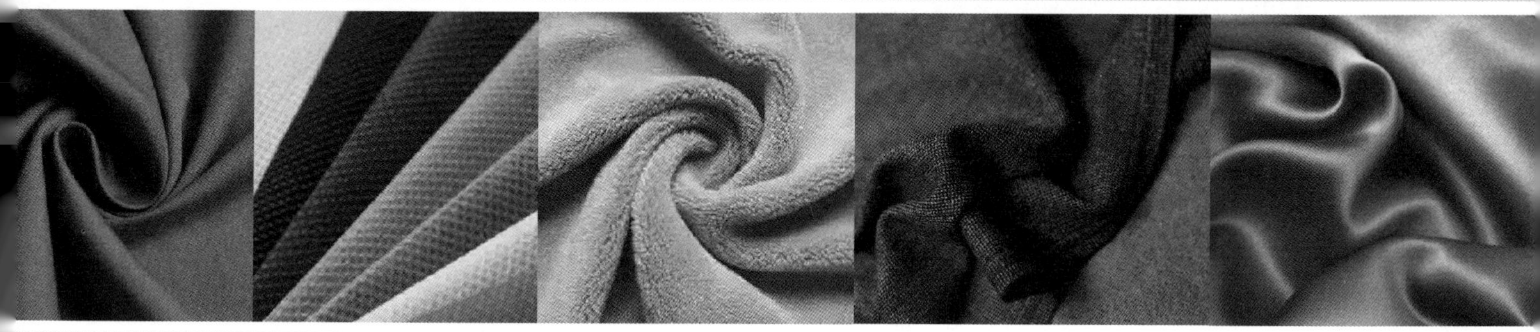

第二章 制版与裁剪工艺

本章学习目标

1. 认识服装制版常用符号，明白样板放缝方法与核查要点，制作完善裁剪样板。

2. 正确辨识织物纹理方向，归纳服装材料预缩与整理方法，合理选用预处理方式。

3. 规范排料划样，熟练操作手工裁剪，分析不同工业裁剪方法和设备的特点。

思政元素融入

通过本章内容的学习，学生能认识服装生产制作中常用的制图与裁剪工艺，区分传统与工业生产，建立成衣生产的专业意识，提升职业素养。

第一节　制版基础

一、制版常用符号

制版符号是进行服装制版、裁剪、缝纫操作时，为便于识别、避免差错而统一制定的标记。如表2-1-1所列是服装样板制作中常用的符号，掌握它们的特点并在实践中正确运用，才能保证制版过程规范和纸样标准。

表2-1-1　服装制版常用符号

序号	名称	符号	说明
1	轮廓线		也称净线、净缝线，以粗实线表示，裁剪时必须在此线外加缝份
2	基础线		衣片各部位制图时的辅助线，以细实线表示
3	连折线		表示衣片沿线相向连折，不能剪开，用点划线表示
4	虚线		表示背面的轮廓线
5	丝缕线	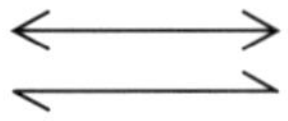	对应面料的经纱方向
6	斜纱方向		表示对应处用斜纱方向

续表

序号	名称	符号	说明
7	等分线		等分某一线段
8	等量符号	■ □ ● ▲	用相同符号表示两线段等长
9	省道	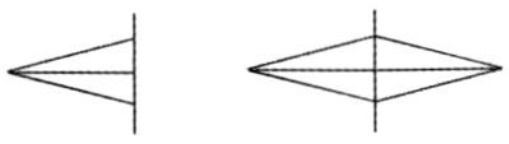	需折叠并缝合的部位
10	缩缝		按一定方向有规律地折叠
11	垂直符号		两线相交呈90°
12	重叠符号	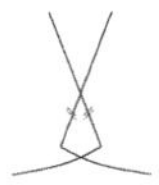	表示两裁片交叉重叠，两边等长
13	褶裥符号	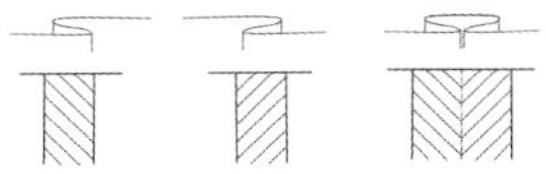	按照斜线方向折叠出褶裥
14	拼接符号	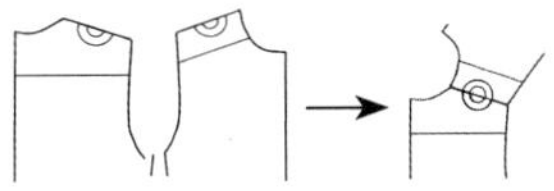	纸样合并、连裁
15	归拔符号		标识制作时对应部位需要被归拢或拔长

二、结构线名称

（1）上装部位结构线名称（图2-1-1）。

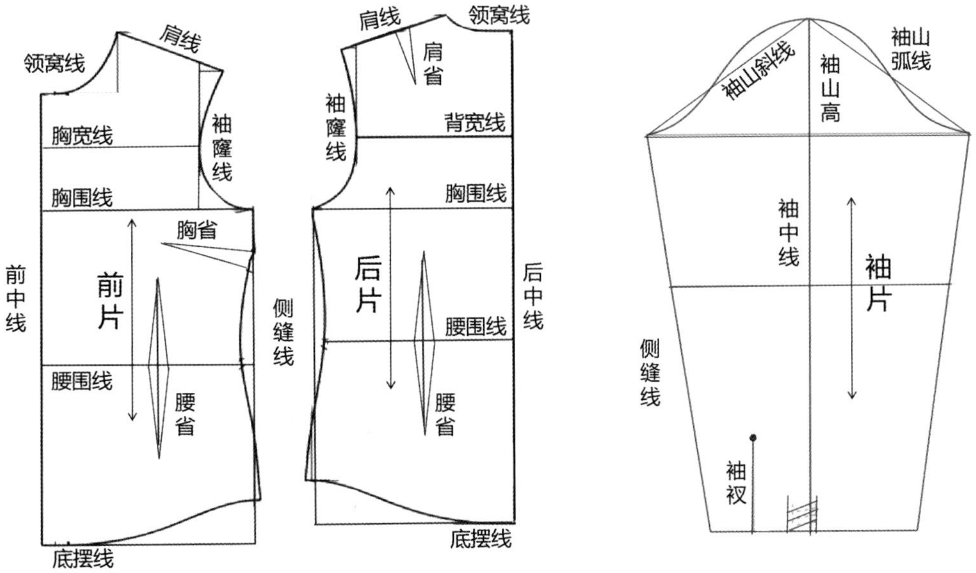

图2-1-1　上装部位结构线名称

（2）下装部位结构线名称（图2-1-2）。

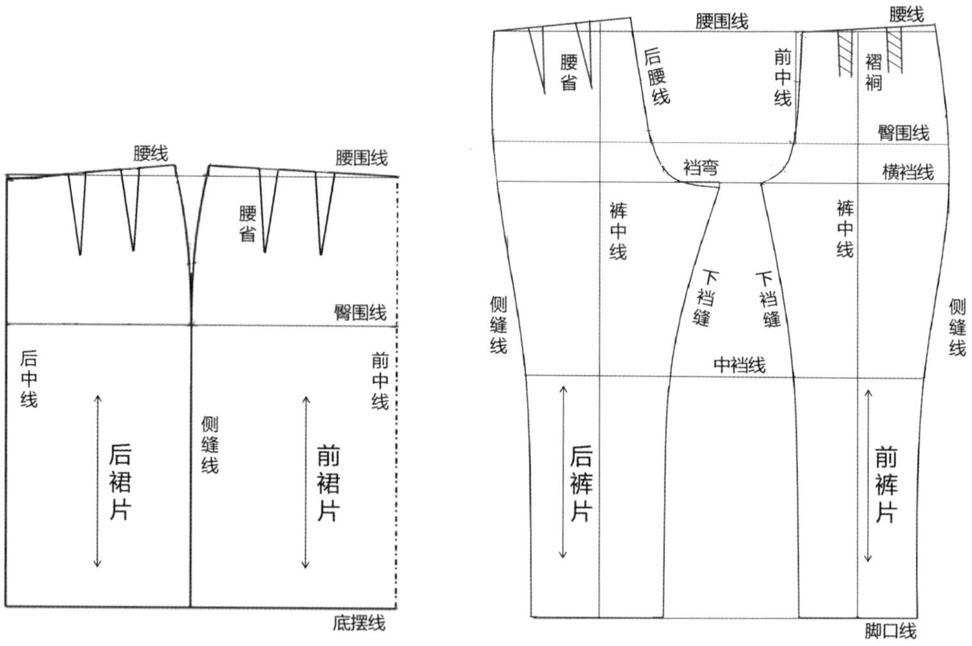

图2-1-2　下装部位结构线名称

三、纸样符号认识

如图2-1-3所示，纸样中一般含有服装款号、款式名称、型号、数量、对位记号等标注及符号，在裁剪制作前，需仔细查看并解读纸样中的符号，以保证缝制的准确性。

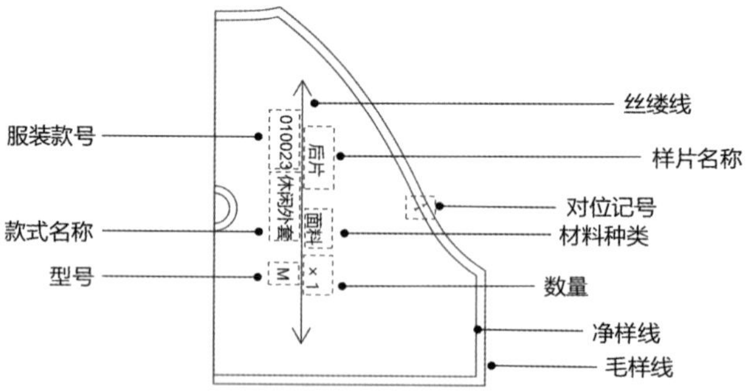

图2-1-3　纸样符号

四、人体与服装部位英文代号

服装部位代号是用来表示人体各主要测量部位的，在制版过程中用来标注和表达总体规格设计。为统一规范，在国际上大部分以该部位的英文单词的第一个字母为代号，具体见表2-1-2。

表2-1-2 服装部位英文代号

序号	部位	代号	英文	序号	部位	代号	英文
1	胸围	B	Bust	21	前胸宽	FBW	Front Bust Width
2	胸高点	BP	Bust Point	22	后背宽	BBW	Back Bust Width
3	胸围线	BL	Bust Line	23	袖山	AT	Arm Top
4	后颈点	BNP	Back Neck Point	24	袖肥	BC	Biceps Cirum-fetence
5	领围	N	Neck	25	袖窿	AH	Arm Hole
6	领围线	NL	Neck Line	26	袖窿深	AHL	Arm Hole Line
7	腰围	W	Waist	27	袖长	SL	Sleeve Length
8	腰围线	WL	Waist Line	28	袖口	CW	Cuff Width
9	臀围	H	Hip	29	总体长－颈椎点高	FL	Full Length
10	臀围线	HL	Hip Line	30	领座	CS	Collar Stand
11	中臀围线	MHL	Middle Hip Line	31	前颈点	FNP	Front Neck Point
12	衣长	L	Length	32	侧颈点	SNP	Side Neck Point
13	肩宽	S	Shoulder	33	肘线	EL	Elbow Line
14	肩端点	SP	Shoulder Point	34	膝盖线	KL	Knee Line
15	前中心线	FCL	Front Center Line	35	裤长	TL	Trousers Length
16	后中心线	BCL	Back Center Line	36	下裆长	IL	Inside Length
17	上胸围线	CL	Chest Line	37	前上裆	FR	Front Rise
18	下胸围线	UBL	Under Bust Line	38	后上裆	BR	Back Rise
19	前腰节长	FWL	Front Waist Length	39	大腿根围线	TS	Thigh Size
20	后腰节长	BWL	Back Waist Length	40	脚口	SB	Slacks Bottom

第二节 制版要点与核查

一、样板缝份加放

缝份是指缝合衣片时在净样线外侧预留的边，又称缝头或做缝。通过结构图绘制得到的纸样称为净样板；在净样板的基础上加放适当的缝份，可得到服装的毛样板。

在服装生产制作中，要根据面料的性能、缝型种类、加工工艺等来确定净样板的加放量，常见的有以下三种。

1. 根据缝型加放

不同缝型的缝制工艺对放缝量的要求不同，具体见表2-2-1。

表2-2-1 缝型加放参考量

缝型	参考放缝量
平缝、分压缝	两片各放1cm
钩压缝、骑缝	两片各放1cm
固压缝、扣压缝	两片均为大于明线宽度0.2～0.5cm
滚包缝	一片放0.7cm，另一片放2cm
来去缝	两片各放0.8～1cm
内或外包缝	一片大于明线宽度0.2cm，另一片是其2倍
搭缝	两片各放0.5～1cm
排缝	两片均不放

2. 根据面料加放

质地厚的面料需要较大折转量，放缝时多加2倍厚度，但按照正常宽度缝合；质地松散的面料考虑到裁剪和缝制时的脱散损耗，需适当加宽缝份；厚度一般、质地紧密的面料按常规加放。

3. 根据工艺要求加放

当服装的某些特殊部位放缝且有特别要求时，需要特别处理，例如装拉链的部位需要1.5～2cm缝份。加放也与轮廓线形状有关，较直的部位正常加放，弧线的部位加放量较小，且弧度越大，缝份的宽度越小，以免影响缝口平服度。

二、样板贴边加放

1. 连贴边（图2-2-1）

（1）门襟：衬衣3～4cm，装拉链外套5～6cm，单排扣外套7～8cm，双排扣外套12～14cm。

（2）下摆：圆摆衬衣1～1.5cm，平摆衬衣2～3cm，外套4cm，大衣5～6cm。

（3）袖口：衬衣2～3cm，外套3～4cm，通常与下摆相同。

（4）袋口：明贴无盖式大袋3～4cm，有盖式2cm，斜插袋3cm。

（5）裙摆：一般为3cm，弧度较大时为1.5～2cm。

（6）裤口：短裤3cm，长裤4cm。

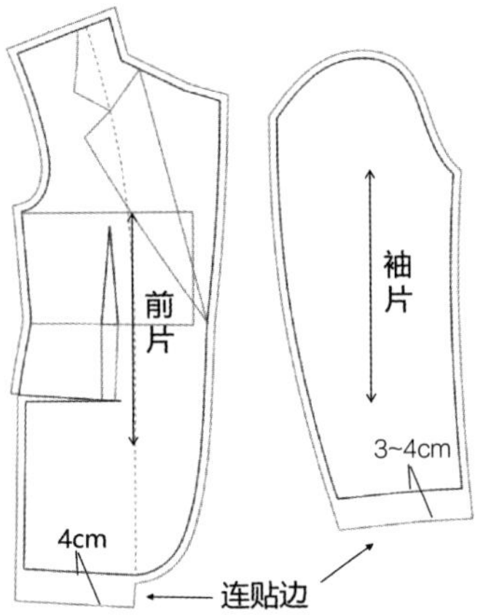

图2-2-1 连贴边

2. 另裁贴边

服装的边缘形状为曲线或其他特殊形状时，需要另裁贴边，贴边边缘与衣片的形状一致。以方领为例，如图2-2-2所示，另制作一片领口贴边。

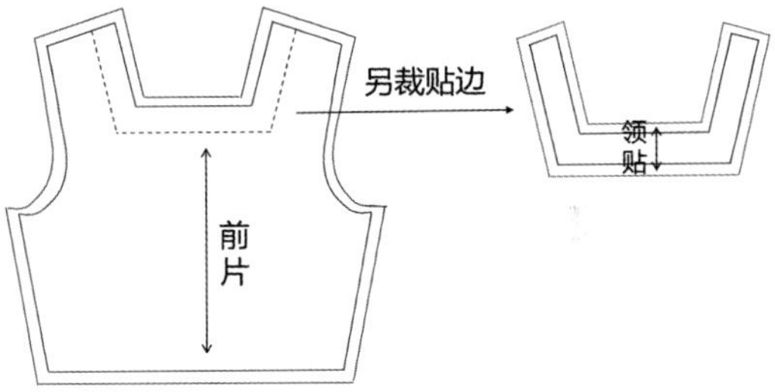

图2-2-2 另裁贴边

三、样板完善与检验

1. 样板检查与修正

样板在使用前，需要从以下几个方面进行检查，如有问题需进行修正。

（1）检查规格尺寸是否符合要求。

（2）检查缝合部位是否匹配、圆顺。如上衣的前后肩缝、侧缝、公主线、袖山、袖窿、衣身领圈和衣领等；裤子的前后侧缝长、下裆长，左右片的中缝长、前后裆长，裤子的腰与腰头的长度配合等。

（3）检查样板是否齐全。

2. 做标记（图2-2-3）

（1）对位记号。对位记号是衣片间连接时需要对合位置的记号，具体位置及数量根据缝制工艺要求确定。例如，绱领对位点、上衣侧缝腰节线对位点等，侧缝对位点控制等长缝合，而绱袖对位点控制袖山吃势大小及分布。轮廓线上需要做记号的位置用专业剪口钳剪出0.5cm深的三角形剪口或U形剪口。

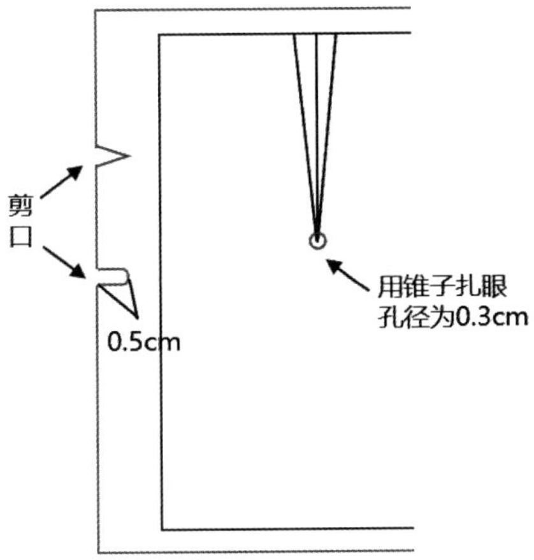

图2-2-3 样板做标记

（2）定位记号。定位标记是衣片内部需要明确定点位置的记号，如收省的位置、口袋的位置等。需要做记号的点位用锥子扎眼，孔径为0.3cm。为避免缝合后露出锥眼，扎眼时一般比实际位置缩进0.3cm左右。

四、制版专业术语

服装制版中常用的专业术语见表2-2-2。

表2-2-2　常用服装制版专业术语

名词	解释	名词	解释
净尺寸	人体的尺寸	净样板	人体净尺寸加松量，不包括缝边
松量	服装大于人体的尺寸	毛样板	裁剪尺寸，包括缝边、贴边等
纱向	面料经纱的方向	缝份	净样外圈所加的缝制需要的缝边量
省	根据人体的曲线形态所需去掉的部分	褶	根据人体曲线所需，有规律折叠或收拢的部分
分割	根据人体曲线形态或款式要求而在上衣片或裤片上增加的结构缝	刀口	又称剪口，在裁片的缝边某部位剪一个小缺口，缝制时起定位作用
翘势	水平线的上翘量，如裤子后翘，指后腰缝线在后裆缝线处的抬高量	画顺	光滑、圆顺地连接直线与弧线、弧线与弧线
止口	衣片边缘应处理光洁的部位，如叠门与挂面的连接线	叠门	又称交门，是门襟和里襟相叠合（相交）的部分
门襟	衣片的锁眼边	里襟	衣片的钉扣边
过肩	又称复肩、复势或育克，常用在上衣肩部的单层或双层面料	挂面	上衣门襟、里襟反面的贴边

第三节　服装材料准备

一、织物纹理方向辨别

辨别织物的纹理方向对于了解服装材料的垂性特点、服装裁剪等相当重要，其会直接影响服装的缝制效果。辨别织物方向之前需要对织物的结构有一定了解。

1. 织物基本结构

在织物的生产过程中，由经纱和纬纱交织而形成布。以梭织面料为例（图2-3-1），经纱是沿着织物长度方向的纵向纱线，在织造中其最先被放置在织机上，作为面料的基础；纬纱是沿着织物宽度方向的纱线；纬纱线缠绕在经纱线的边缘，并回到相反的方向编织，形成一条狭窄且较重的带子，称为布边，沿织物的正反面延伸。

图2-3-1　梭织面料基本结构

2. 织物方向辨别

织物方向可分为直丝缕、横丝缕、斜丝缕，如图2-3-2所示。因为不同的方向具有不同的面料性能，需要根据不同的方向进行服装材料的使用和加工，以保证服装的稳定性和美观性。

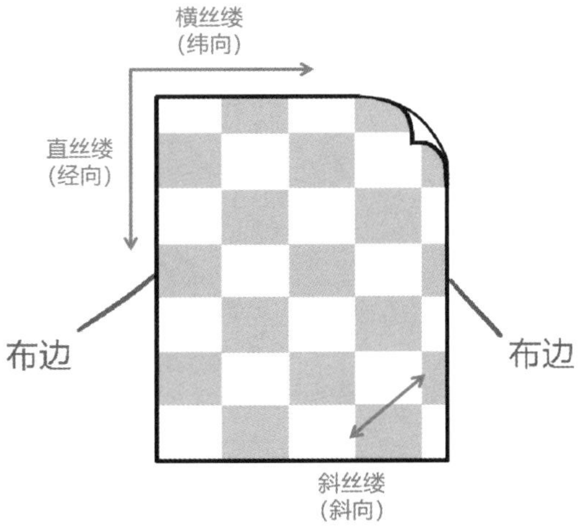

图2-3-2　织物方向

（1）直丝缕：也称经向，与布边平行，该方向不易拉伸，梭织面料通常按直丝缕方向裁剪，可避免接缝出现拉伸变形。

（2）横丝缕：也称纬向，横丝缕方向与布边垂直，该方向的垂感与直丝缕不同，通常可根据面料的特点来决定服装是否必须按横丝方向裁剪。

（3）斜丝缕：也称斜向，斜丝缕即经纬线呈45°夹角的方向，该方向具有良好的弹性，如果需要较高的悬垂效果，可以使用斜裁，但裁剪与缝纫时较有难度。

除通过布边判断外，还可以通过观察布料的经纬密度、捻向、捻度、条纹和光泽、伸缩性、上浆和筘痕等来识别。例如，通常经密大于纬密，因为经纱在织造过程中受到的张力较大，需要更多的纱线来保持布料的稳定性；经纱的捻度通常比纬纱大，因为经纱在织造过程中需要承受更大的张力和摩擦力，需要更高的捻度来增加强力。

上述通常用于梭织面料，针织面料也有横丝缕和直丝缕。如图2-3-3所示，针织面料沿罗纹方向是直丝缕，线圈纵行的数量影响面料的厚度与规格；沿线圈方向是横丝缕；针织面料也可按斜丝缕方向裁剪，但是其悬垂性不会有太大差异。

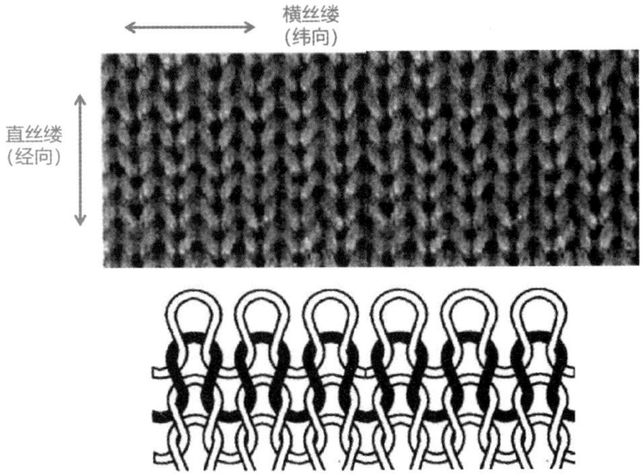

图2-3-3　针织面料方向

二、服装材料预处理

服装材料加工时，由于加工手段不同、纤维材料性能等原因，在织物内部存在着不同的应力和一些瑕疵，若未经过处理直接裁剪制作，将会出现因为洗涤抽缩或穿着而产生走形等现象，严重影响服装成品的稳定性能、穿着性能和外观质量。因此在裁剪制作前，需进行服装材料（主要是面料、里料、衬布等）预缩和整理，才可达到穿着满意的效果。

1. 预缩

预缩即预先利用湿气和热量使应收缩的部分收缩。服装材料的预缩方法主要有以下四种。

（1）自然预缩。在裁剪前将织物抖散，在无堆压及张力的情况下，放置24小时以上，使织物自然回缩消除张力（图2-3-4）。另外，一些有张力的辅料，如松紧带、有弹性的花边等材料，在使用前必须抖松放置24小时左右，否则短缩量会很大。

（2）湿预缩。收缩率较大的材料或质量要求较高的服装，在裁剪前所用材料必须给予充分的缩水处理。如棉麻布，可将布料直接用清水浸泡，然后摊平晒干（图2-3-5）；一些上浆织物，先用搓洗、搅拌等方法给予去浆处理，再进行预缩。

（3）热预缩。一种方法是用电熨斗、呢绒整理机等对材料表面直接加热（图2-3-6）；另一种方法是利用加热空气和辐射热进行加热，可利用烘房、烘筒、烘箱的热风形式及应用红外线的辐射热进行预缩。

（4）湿热预缩。材料在蒸汽给湿和给热的作用下，会恢复纱线的平衡弯曲状态以减少缩率。服装加工厂一般采用烘房，让织物在湿热的作用下自然回缩，然后经过晾干或烘干方法进行干燥处理；小批量或单件的服装材料也可利用大烫蒸汽或熨斗蒸汽进行预缩处理（图2-3-7）。

常见服装材料的小面积手工预缩方法见表2-3-1。

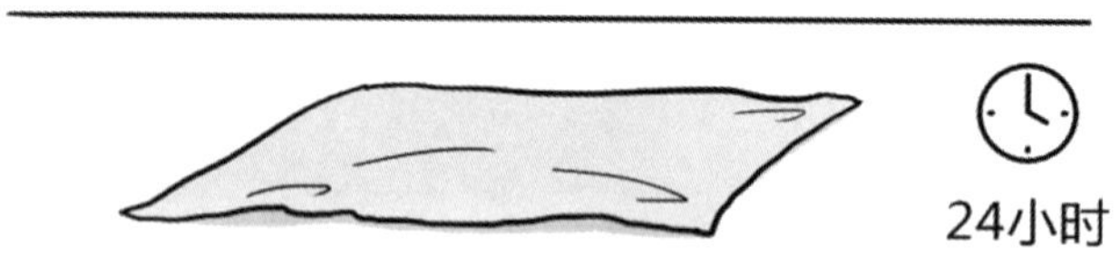

图2-3-4 自然预缩

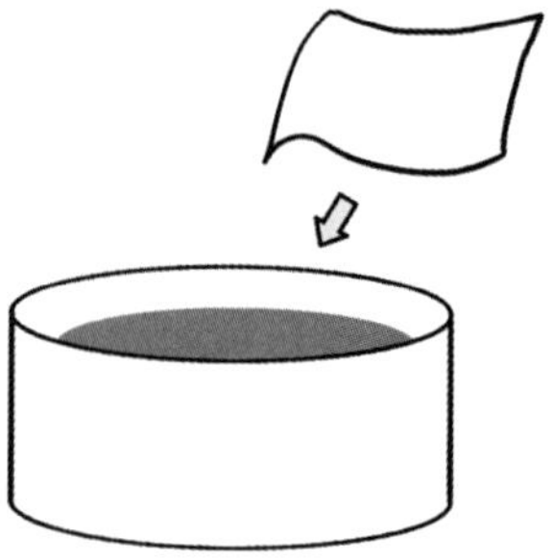

图2-3-5 湿预缩

图2-3-6 热预缩

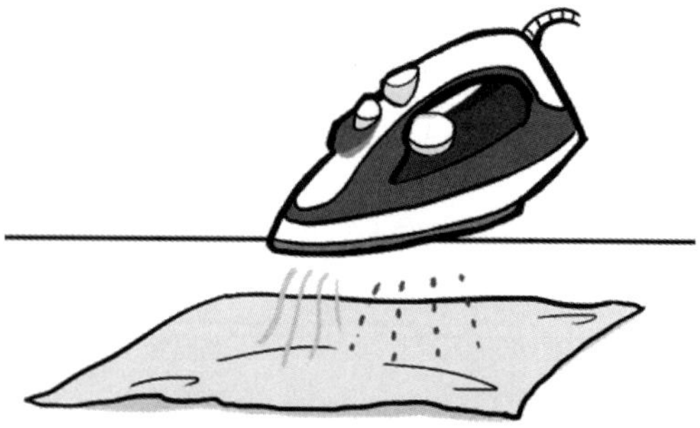

图2-3-7 湿热预缩

表2-3-1　手工预缩方法

材料种类	预缩方法	图示
纯棉、麻织物	1. 用清水浸泡1小时后捞起至半湿状态，用熨斗熨平，同时整理布的经纬向 2. 若是上浆织物，先用搓洗、搅拌的方法去浆 3. 若已经防缩、防皱处理过的，则只要用熨斗整纬即可	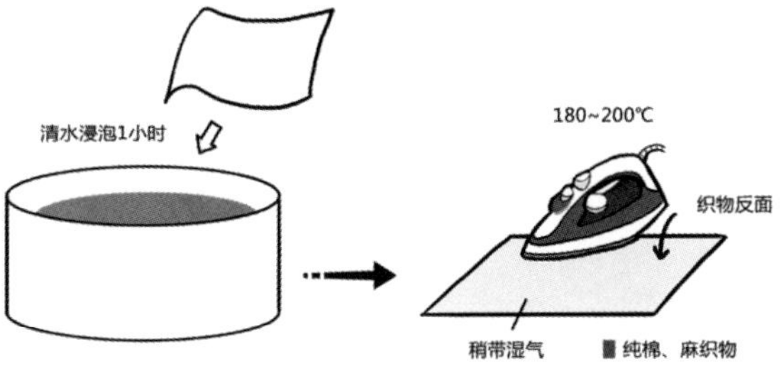
毛织物	均匀地喷一些水雾，捎带湿气，再从反面用熨斗熨平	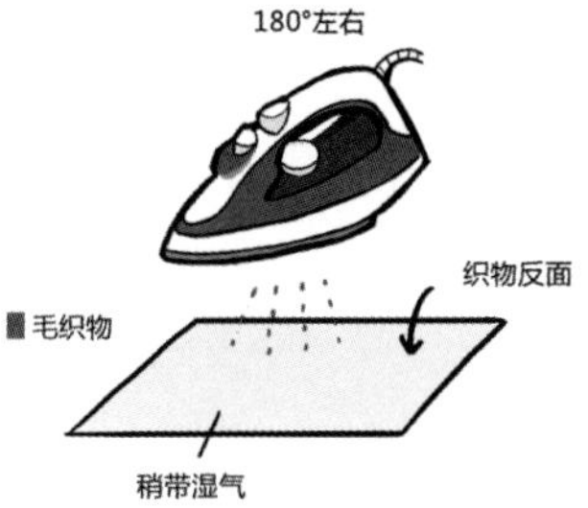
丝织物	1. 需要水缩的丝织物，浸水10分钟左右捞起晾至半干，边整纬边熨平 2. 不需水缩的，则直接用熨斗在织物的反面进行整纬 3. 对薄而下垂感强的丝织物，可用悬挂法整纬，将织物水平悬挂一夜，自然就可矫正布纹	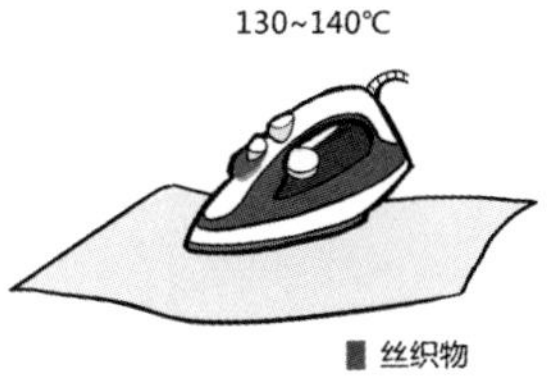
化纤织物	直接用蒸汽熨斗在织物的反面进行熨烫，特别要注意熨斗的温度	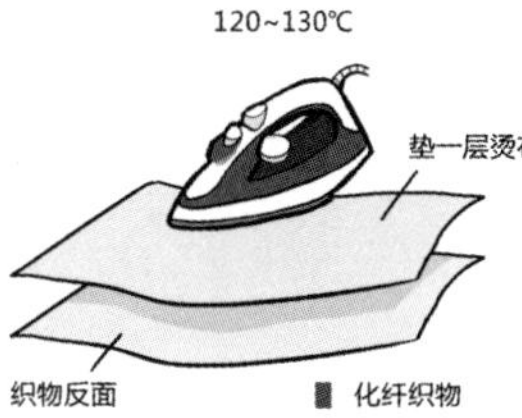
表面有立体感的面料	1. 把面料正面相对折叠后，再用蒸汽熨斗边整理上下层的布纹，边轻轻熨烫 2. 在两面喷水，让水均匀地渗入织物的组织中，再用熨斗轻轻熨烫	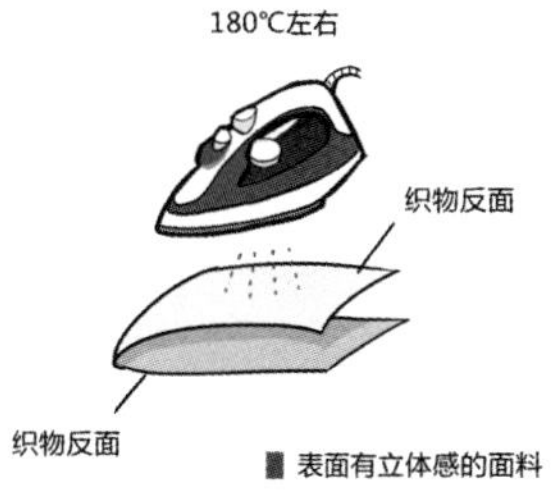
双面布料	1. 垫布，用蒸汽熨斗烫平 2. 在两面喷水，再垫布熨平	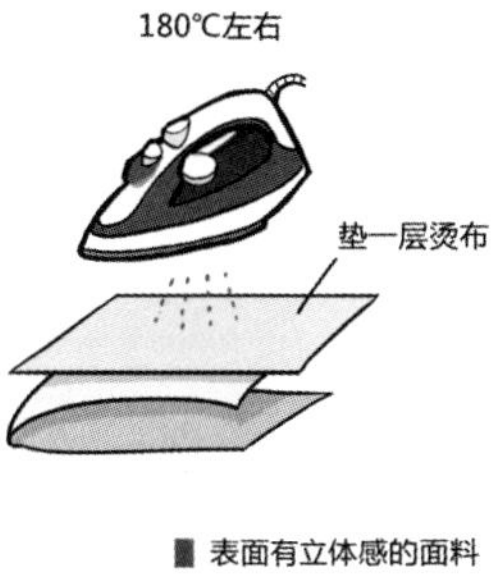

续表

材料种类	预缩方法	图示
长毛织物	将织物正面对折，熨斗在反面顺着长毛方向，不喷蒸汽，只烫去褶皱即可	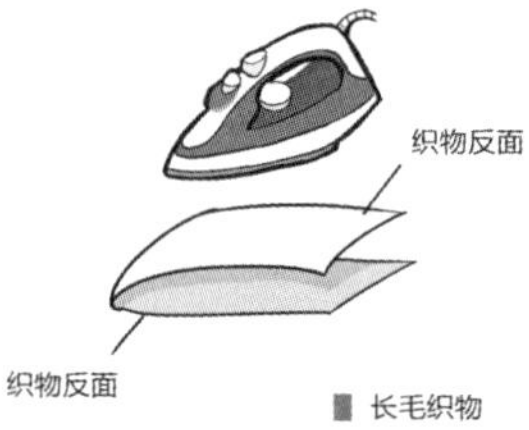

2. 整理

服装材料会出现污点、断线、浮经、缺经、纬斜经等问题（图2-3-8），需要通过一些整理工序给予修正和补救，来提高材料利用率、成衣质量，并降低成本，一般有织补和整纬两种方式。

（1）织补。织补是指对面料存在的缺经、断纬、污纱、破洞等织疵，用人工方法按织物的组织结构给予修正，一般分为半成品织补和成品织补。一些无法织补的疵点可采用换片、绣花、贴布等方法补救。

（2）整纬。若经纱、纬纱不相互垂直，则要对面料进行整纬处理，规正面料的丝缕方向。大面积织物整纬，一般采用专业的整纬装置进行整纬；小面积织物整纬，可采用人工整纬方法，操作方法如图2-3-9所示。若为格子或条纹面料可根据条纹裁剪得到平整的边缘（图2-3-10），稀疏的梭织面料可按照图2-3-11所示操作得到平整边缘。

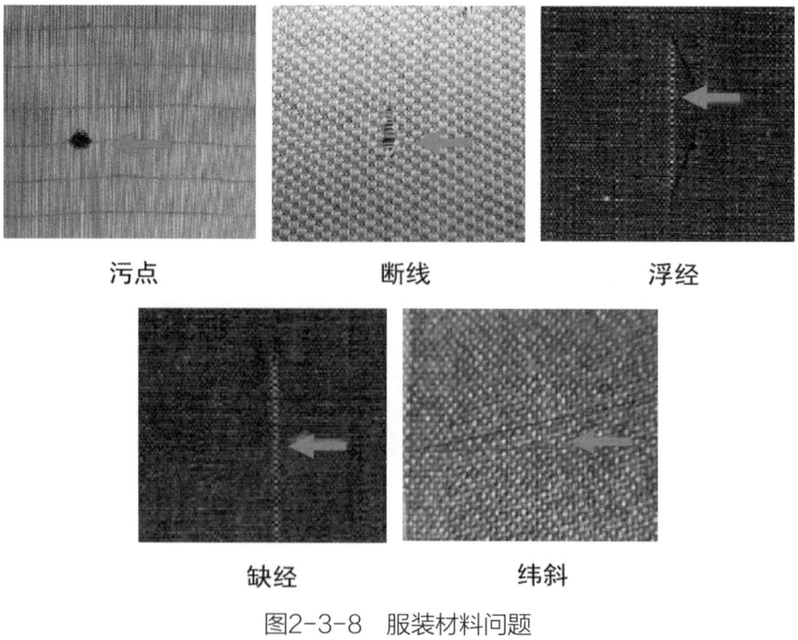

图2-3-8 服装材料问题

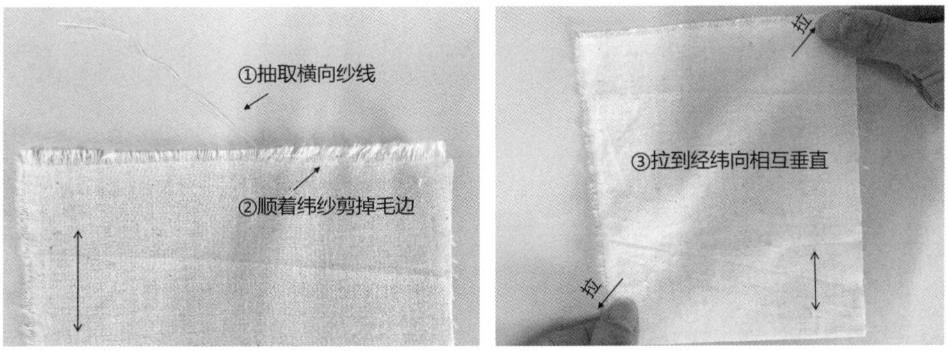

图2-3-9　人工整纬

图2-3-10　格子或条纹面料边缘整理

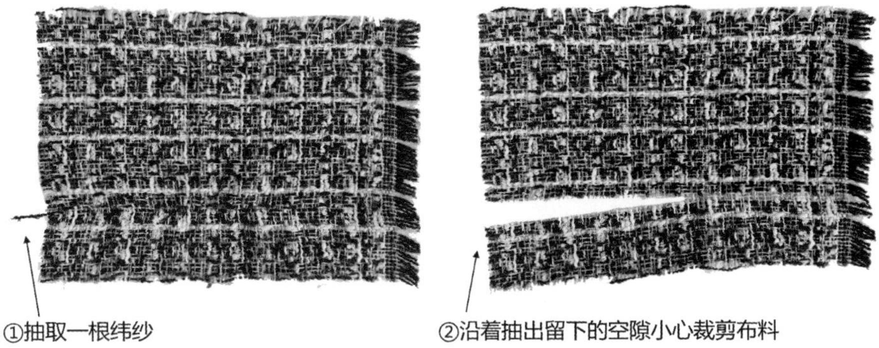

图2-3-11　稀疏的梭织面料边缘整理

第四节　排料划样

一、排料原则与方法

排料是铺料和裁剪的前提，其是指将服装的样板在规定的面料幅宽内合理排放的过程，按照工艺要求（正反面，倒顺向，对条、格、花等）形成能紧密啮合的不同形状的排列组合，以期最经济地使用布料，降低产品成本。排料对面料的消耗、裁剪的难易、服装的质量都有直接影响，是一项技术性很强的工艺操作。

1. 排料原则

（1）保证设计要求。当服装款式对面料花型、条格等具有一定要求时，样板的排列必须保证成衣效果。

（2）符合工艺要求。排料时必须严格遵循衣片对用布方向、对称性、对位及定位标记等工艺设计的要求。

（3）节约用料。服装材料成本是总成本的主要组成部分，减少耗材便可以降低成本，所以在保证设计与工艺要求的前提下，尽可能节约用料。

2. 排料步骤

（1）检查样板的数量是否正确。

（2）检查面料门幅。

（3）先放最大块或最长的样板在面料上，剩余空间放适当的细小样板，并注意样板的丝缕方向。

（4）在排板结束时，各样板尽量齐口，然后画上与布边垂直的结尾线。

（5）反复检查排料图，防止有样板遗漏。

3. 排料技巧

（1）先大后小。先排大片，再用小片补充空隙，大小合理搭配。

（2）紧密排列。样板形状各有不同，排列时尽可能做到直线对合，斜线反向拼合，凹凸相容，紧密套排。

（3）缺口合并。样板之间的余料相互连续时，便于小片插入，所以可以把两片样板的缺口拼在一起，加大空隙。

（4）合理拼接。在技术标准内允许适当拼接来提高布料的利用率；但拼接较耗时耗力，需权衡利弊，慎重采用。

4. 排料注意事项

面料类型不同，其在排料时的注意要点也有所不同，具体见表2-4-1。

表2-4-1　不同面料类型的排料注意事项

面料类型	排料注意事项
易滑面料（如雪纺、乔其纱、真丝双绉等）	• 在裁剪桌上放置一张样板纸作为勾底 • 将面料正面朝上铺在纸上，避免精致面料出现勾丝 • 将裁剪样板置于面料上，由于面料夹在两层纸中间，可固定住面料以便准确裁剪。裁料前，用珠针将三层别合
条纹面料	• 宽条纹在裁剪和缝制时需要对条，细条纹可不对条 • 可根据设计变化条纹方向，采用直条纹、横条纹或斜条纹
格纹面料	• 排料时确认所有刀眼都已标记，各个裁片的格子已对齐 • 排料时肩缝与侧缝都必须对格 • 袖身与大身腋下缝部位的格子必须对齐，但前后袖腋下缝部位的格子是无法对齐的 • 由于存在省道，对格一般从下摆部位开始，到第一个省道结束
循环图案面料	• 排料时应尽量做到所有接缝部位都对齐
单向印花面料	• 设计需保持简洁，以突出面料自身花型特点 • 前后衣片需按统一方向放置

续表

面料类型	排料注意事项
大花型图案面料	• 排料时应避免将花型置于前胸或后背部位
满底印花面料	• 沿直丝缕方向，样板不需要按单向排放，可双向正常排料
带绒面料	• 绒毛有倒向，顺毛方向手感光滑、色泽较淡，倒毛方向手感毛糙、色泽较深 • 需单向排料，即所有裁剪样板按一个方向排料裁剪

5. 铺料方法

（1）识别布面。铺料前，首先应识别布面，区分正反面、确定倒顺毛方向。有些面料正反面差别明显，比较容易识别；但有些面料正反面差别不显著，不仔细辨别容易弄错。因此，铺料之前需认真辨别面料的正反面。

（2）铺布方式。对于单件或少量制作时，面料的铺设方式应根据其门幅的宽度、样板的形状和面料的特点来决定。服装面料一般有窄幅、中幅和宽幅3种。窄幅（90cm）或中幅（110～120cm）面料的铺设方式如图2-4-1所示；宽幅（144～150cm）面料的铺设方式如图2-4-2所示。

对于大量生产时，面料铺设方法主要有单向铺料、双向铺料、对折铺料，如图2-4-3所示。在生产中，应根据面料的特点和服装制作的要求决定铺料方式。

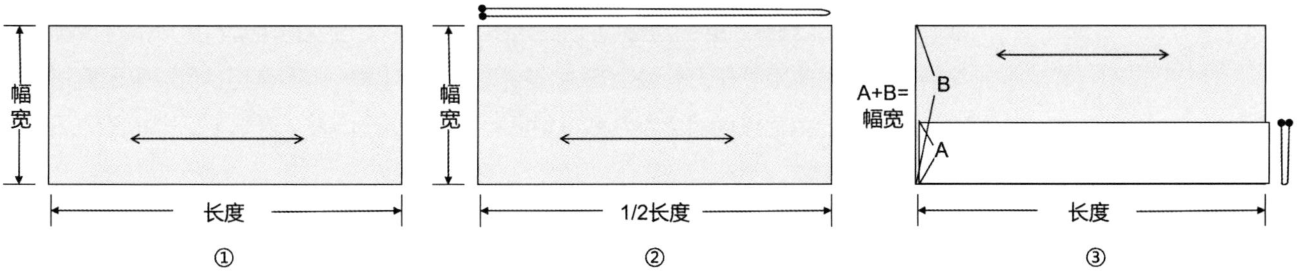

图2-4-1　窄幅或中幅面料的铺料方式

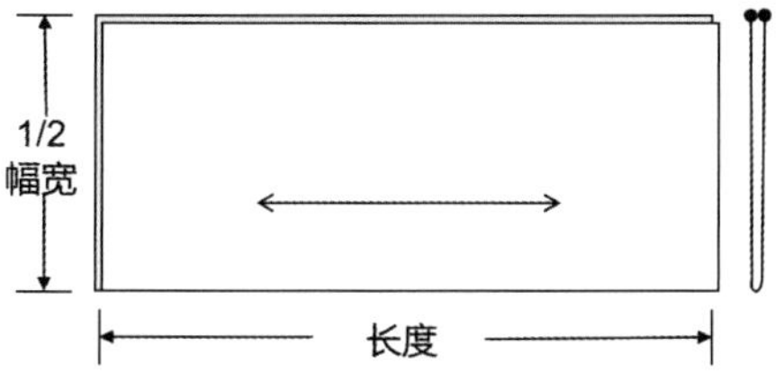

图2-4-2　宽幅面料的铺料方式

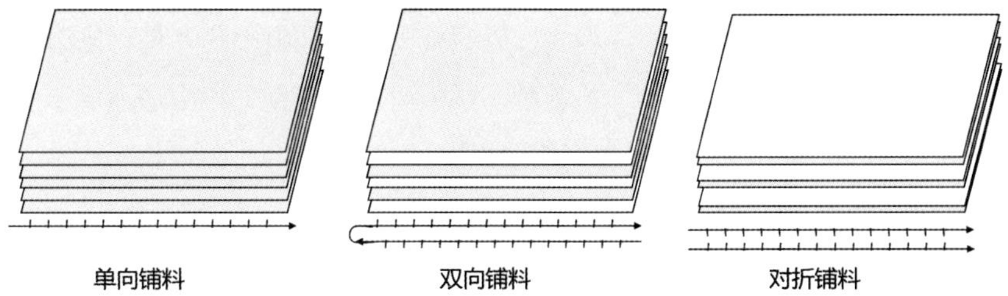

图2-4-3　大量生产时的铺料方式

①单向铺料是将各层面料的正面全部朝一个方向，通常多为朝上。用这种方式铺料，面料只能沿一个方向展开，每层之间面料要剪开，因此工作效率较低。这种方式的特点是各层面料的方向一致。

②双向铺料是将面料一正一反交替展开，各层之间面与面相对，里与里相对。用这种方式铺料，面料可以沿两个方向连续展开，每层之间也不必剪开，因此工作效率比单向铺料高。这种方式的特点是各层面料的方向是相反的。

③对折铺料是将布料对齐两边，正面向里进行铺料。对折铺料效率低，面料利用率低，但对条对格准确，常用于男女西服等高档服装的铺料。

二、划样方法

排料铺料结束后，要清点样板的数量，以免漏排，然后用划粉沿样板边缘划样。划粉的边缘要薄一些，划样线要细。划样主要有以下五种方法。

1. 面料划样

将样板直接在面料上进行排料，排好后用画粉将样板形状画在面料上。铺布时将这块面料铺在最上层，按面料上画出的样板轮线进行裁剪。这种划样方式操作简单、节省用纸，对于需要对条格的面料非常适用；但缺点是不能修改、不能复制，且遇颜色较深的面料时，划线可能不够清晰，人工操作多，效率低。

2. 纸皮划样

将衣片样板放在一张与面料同宽的普通薄纸上，按要求排好，沿衣片边缘将排料图描画下来，然后铺在面料上裁剪。该方法多用于衬衫、连衣裙等薄料服装的样板排列，排料图一次性使用。在大批量生产中，若同样的排料图一张不够用，可以采用复写的方法，用专门的复写纸同时绘制几张排料图，一般不超过5张，否则下层排料图的图样不清晰，容易走样。

3. 漏板划样

在一张与面料幅宽相同的厚纸上将排好的样板轮廓画出，然后用针沿画出的轮廓线扎出密布的小孔，得到一张由小孔组成的排料图，此排料图称为漏板。将此漏板铺在面料上，沿着孔洞刷粉或者喷粉，使粉末漏过小孔在面料上显出样板的形状，便可按此进行裁剪。漏板可反复使用，该方法适用于生产大批量的服装产品，可以大大减少排料划样的工作量。

4. 喷墨划样

该方法多用于男装，尤其适合格子面料。将板样直接在面料上排好后，用金属丝框加固，然后把颜料喷在其上。板样移走后，因放置板样处没有颜料，而板样四周的面料上涂满颜料，使排料图在布料上清晰可见。这种方法的优点是效率较高，衣片轮廓线清晰；其缺点是需要颜料和喷枪等，成本较高，面料和裁片易受污染。

5. 计算机绘制

该方法是利用服装CAD中的排料系统在计算机的显示屏上建立起模拟裁床的工作环境，排好料后由计算机控制的绘图仪自动把结果绘制成所需比例的排料图。用计算机排料可分为交互式排料和自动排料两种方法，也可两者结合使用。交互式排料采用人机交互的方式，排版师按所选择的布幅宽度、待排衣片等，利用鼠标在屏幕上依人工排版过程灵活方便地进行排料，得出的排料图可由绘图仪自动绘成1：1的裁图，也可与服装CAM（计算机辅助生产系统）联机使用，进行自动裁剪。

第五节　裁剪工艺

一、裁剪工艺要求

裁剪工艺最主要的要求是裁剪的精确性。所谓精确性：一是指裁出的衣片与样板之间的误差大小；二是指各层衣片之间误差的大小。

为保证衣片与样板的一致，必须严格按照画出的样板轮廓线进行裁剪。裁剪顺序为先小后大，若先裁剪大片，余下的布里面积小而凌乱，容易造成裁片变形或漏裁。

二、裁剪方法及要点

（1）裁剪剪刀刀口要锋利、清洁，否则容易造成面料在刀口打滑或者裁片布边起毛。

（2）裁剪台要保持平整，可在台面垫上棉毯或厚布，增加面料的稳定性，便于操作。

（3）裁剪应按照划粉线进行，刀路顺直流畅；裁剪直线时，使用刀刃中央位置，剪刀张口要大；裁剪曲线时，使用刀刃前端，剪刀张口要小。

（4）裁剪操作时，左右手要相互配合，左手压着布面，右手握刀前进。双层裁剪时，左手辅助尤其重要，可减少上下层裁片的误差。切忌将布料拎起，离开裁案裁剪。

三、转绘纸样标记

裁片分离后，在需要的位置（如省道、接缝、下摆贴边等须对位的接缝）扎眼、画线或打剪口做记号，要求位置准确，不能遗漏。特别注意打剪深度要大于1/3缝份，小于1/2缝份，剪口过深会影响缝合，过浅则不易对合。

四、工业裁剪方法及设备

在服装工业生产中，为了实现优质高产，使用先进的裁剪设备进行加工，并根据产品种类、原料性能、加工要求以及生产条件等的要求，来选用裁剪方式和使用设备。常用的工业裁剪方式及设备有以下几种。

1. 电剪裁剪

电剪裁剪是目前服装厂中普遍使用的一种裁剪方式，使用的设备主要是电动裁剪机，有直刀电动裁剪机和圆刀电动裁剪机（图2-5-1）。把面料以若干层整齐地铺在裁剪台上，裁剪时手推电动裁剪机使之在裁床上沿划样工序标的线迹运行，利用高速运动的裁刀将面料裁断。

直刀电动裁剪机　　圆刀电动裁剪机

图2-5-1　电动裁剪机

2. 台式裁剪

这种裁剪方式使用的设备是台式裁剪机（图2-5-2）。裁剪时，将铺好的面料靠近运动的带状裁刀，推动面料按要求的形状通过裁刀，面料便被切割成所需要的衣片。使用这种裁剪方式裁剪精确度高，适于裁剪小片、凹凸比较多、形状复杂的衣片。但由于设备较大，不具有电动裁剪机轻便灵活的特点，因此适用范围较小。通常，这种裁剪方式是与第一种裁剪方式配合使用的。

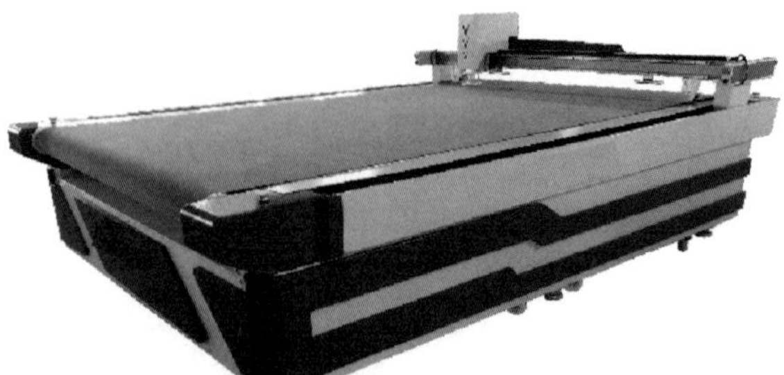

图2-5-2　台式裁剪机

3. 冲压裁剪

首先需要按照样板形状制作各种切割模具，将模具安装在冲压机上，利用冲压机产生的巨大压力，将面料按模具形状切割成所需要的衣片。这种裁剪方式的裁剪厚度取决于冲压机的压力大小。

4. 自动裁剪

该方法是利用计算机进行自动裁剪的技术，系统由电脑控制中心和特制的裁床组成。自动裁剪系统裁出的衣片精确度高、省人工，能降低工人的劳动强度，已在服装企业生产中被使用。

5. 摇臂式裁剪机流水线

一定规模的服装厂普遍采用这种裁剪方式，它由自动上料架、铺料架、摇臂式裁剪机、带刀式裁剪机组成。摇臂式裁剪机的工作性能同直刀式裁剪机一样，由于添加摇臂，使操作更省力和方便。

五、裁剪专业术语

在服装生产制作中，常用裁剪工艺专业术语见表2-5-1。

表2-5-1 常用裁剪工艺专业术语

名词	解释	名词	解释
烫原料	熨烫原辅料褶皱	打粉印	用画粉在裁片上做出缝制标记，一般作为暂时标记
排料	制定用料定额	倒顺毛	绒毛的毛峰方向整理
铺料	按画样要求铺料	编号	将裁好的各种衣片按顺序编上号码，同一件衣服上的号码应一样
画样	用样板按不同规格在原料上合理套排，并画出衣片的外轮廓线条，以作开剪的标志	查裁片刀口	检查裁片刀口的质量
复查画样	复查画样数量和质量	配零料	配齐一件衣服的零部件材料
裁剪	按画样线条用裁剪工具裁成衣片	钉标签	将顺序号的标签钉在衣片上
钻眼	用电钻在裁片上做出缝制标记	验片	检查裁片质量和数量
打刀口	按画样标记打上刀口	织补	修补裁片中可修复的织疵
分片	将裁片按序号配齐或按部件的种类配齐	换片	调换不符合质量的裁片

续表

名词	解释	名词	解释
冲领上下衬	用模具冲压领子上层和下层衬布	冲领角薄膜衬	用模具冲剪领角薄膜衬
段耗	指坏布经过铺料后断料所产生的损耗	裁耗	铺料后坏布在画样开裁中所产生的损耗

思考讨论

1. 列出十种服装纸样制作中的常用符号。
2. 小面积的服装材料预缩方法有哪些?
3. 服装排料的主要原则是什么?
4. 裁剪工艺要点有什么?

实践练习

1. 取一块面料，识别其经纬向，并比较经向、纬向和斜向的面料性能。

2. 利用排料的原则和方法，完成一组服装样板的排料，估算面料用料，寻找其最优的排料方式。

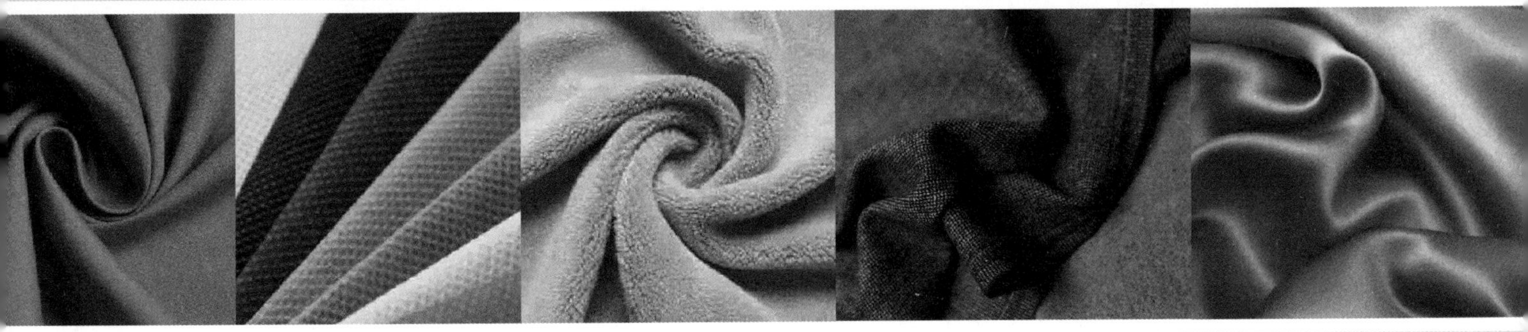

第三章 熨烫工艺

本章学习目标

1. 了解熨烫的原理机制和基本条件。
2. 认识并正确使用熨烫工具。
3. 准确阐述熨烫技法的分类及其作用。
4. 规范熟练地操作常用熨烫技法。

思政元素融入

在本章的学习和实践过程中，培养学生的安全意识、责任意识、创新意识，提升熨烫技法的实践能力，同时引入熨斗形制发展的有关研究成果，帮助学生了解中国传统熨斗的演变与分类，感受古人的造物智慧。

第一节　熨烫基础知识

熨烫在服装缝制中占有重要地位，从衣料的整理到成品完成，都离不开熨烫，熨烫对服装缝制的顺利进行、服装内在质量以及成品服装外观造型等都有很大影响。

一、熨烫的主要作用

（1）预缩去皱。在制作服装前通过对面料喷水、熨烫，可使面料获得一定预缩，同时去掉褶皱，平服折痕。

（2）热塑变形。运用熨烫中“推、归、拔”工艺等熨烫技法，利用面料纤维的可塑性，适当改变织物经纬组织的密度和方向，塑造服装的主体造型，使服装更适合人的体型和运动需要，弥补平面裁剪的不足。

（3）整理定型。缝制过程中需要边熨烫边缝纫，通过分缝、扣烫等熨烫技法，使衣片平整、服帖，部件廓形准确，达到缝制精巧的目的，保证成衣质量。另外，在没有黏合设备的情况下，黏合衬也需要借助熨烫来完成与面料的黏合。

（4）成品整烫。成衣经过整烫、热定型处理后，造型自然饱满，表面平整挺括，褶裥、线条笔挺流畅，穿着舒适，整体美观。

二、熨烫的原理与条件

熨烫的基本原理是利用纤维在湿热状态下能膨胀伸展和冷却后能保型的物理特性来实现对衣料进行热定型。通过熨斗的热量将水分迅速转化为蒸汽，蒸汽渗透到原料中，使纤维润湿、伸展、膨胀，在热量的作用下，纤维分子向一定方向移动，当温度下降后，纤维分子在新的位置上固定下来而不再移动，衣服也就定型了。熨烫过程需包含以下条件和要素：温度、湿度、压力和时间。

（1）温度。一定的温度是使水分汽化和使纤维伸展所必需的条件，而熨烫温度的高低是由衣料的性质来决定的。熨烫温度并非越高越好，若超过纤维的耐受温度，纤维就会熔化或炭化，这将会损毁衣服，一般可通过试熨法试验后确定熨烫温度。

（2）湿度。为了达到熨烫效果，需要一定湿度使衣料的纤维润湿、膨胀、伸展，若仅有热量而没有水分则无法使织物定型。对于厚料织物，还应垫湿布熨烫，熨斗在湿布上慢慢移动，使热蒸汽充分进入织物纤维内，从而有利于塑形和定型；但也有部分合成纤维织物不能加湿，如维纶。

（3）压力。压力是使衣料纤维按熨烫者的意愿来定型的外部条件。在适当的温度和湿度条件下，给熨斗施以一定压力后，就可迫使纤维进一步伸展或折叠成所需的形状。压力需根据布料的种类和厚薄来确定，压力过大会使织物表面产生极光。

（4）时间。由于织物受热有一定的时间差，因此熨烫时需要一定的延续时间。熨烫时间与布料的种类、厚薄、压力、温度等因素有关，薄料熨烫时间短，厚料熨烫时间相对较长，但不宜在某一位置长时间停留或重压，以免留下印痕或烫变色。

第二节 熨烫技法

一、熨烫工具

1. 电熨斗

（1）吊瓶熨斗，常用于工业生产制作过程的熨烫，见图3-2-1。

（2）蒸汽熨斗，操作简单、便携，适合家用或小量服装制作，见图3-2-2。

（3）挂烫机，主要用于穿用过程中的整烫，适用于家用、商用，操作方便，见图3-2-3。

2. 烫布

在熨烫时覆盖在衣料上，可避免衣料烫脏、烫黄，减少极光，见图3-2-4（6）。

3. 布馒头

用于熨烫服装的凹凸部位，如上衣胸部、背部、臀部等造型丰满的部位，见图3-2-4（3）、图3-2-4（4）。

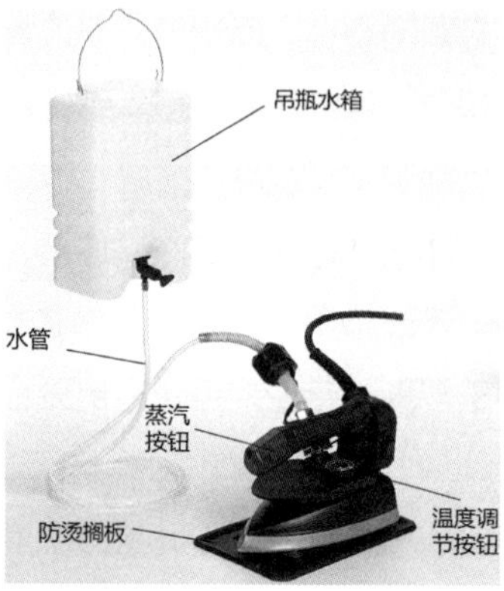

图3-2-1　吊瓶熨斗

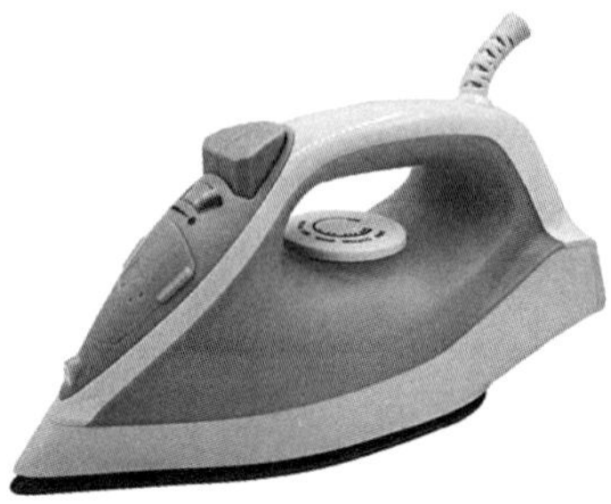

图3-2-2　蒸汽熨斗

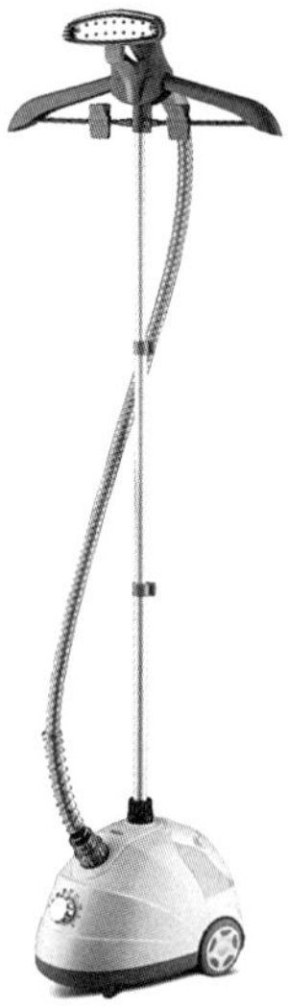

图3-2-3　挂烫机

看一看：蒸汽熨斗的使用方法

4. 袖凳

常用于熨烫袖缝、裤子的侧缝，裙子的裙裥等，见图3-2-4（5）。

5. 烫凳

主要用于肩缝、裤后裆缝、后领窝、袖窿等不能平铺熨烫的部位，有不同形状，见图3-2-4（1）、图3-2-4（2）。

6. 喷水壶

喷水壶能将水均匀、细密地喷洒到需要熨烫的部位，以获得理想的熨烫效果，见图3-2-4（7）。

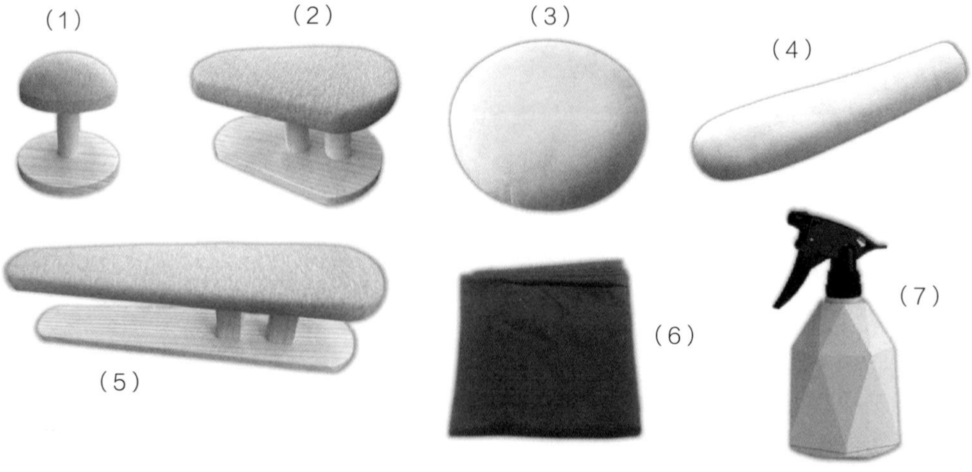

看一看：熨斗的安全使用

图3-2-4　熨烫工具

7. 烫台

烫台是蒸汽熨烫作业必不可少的专业设备之一，其吸风装置能产生吸力将面料固定，防止移动，并且能将刚熨烫过的面料快速冷却定型（图3-2-5）。

注意：使用熨斗时要注意安全，使用结束后需切断电源，将熨斗竖放或放置在专用底座上，不可随手放在工作台上或衣物上，以免烫坏工作台或衣物，甚至引起火灾。

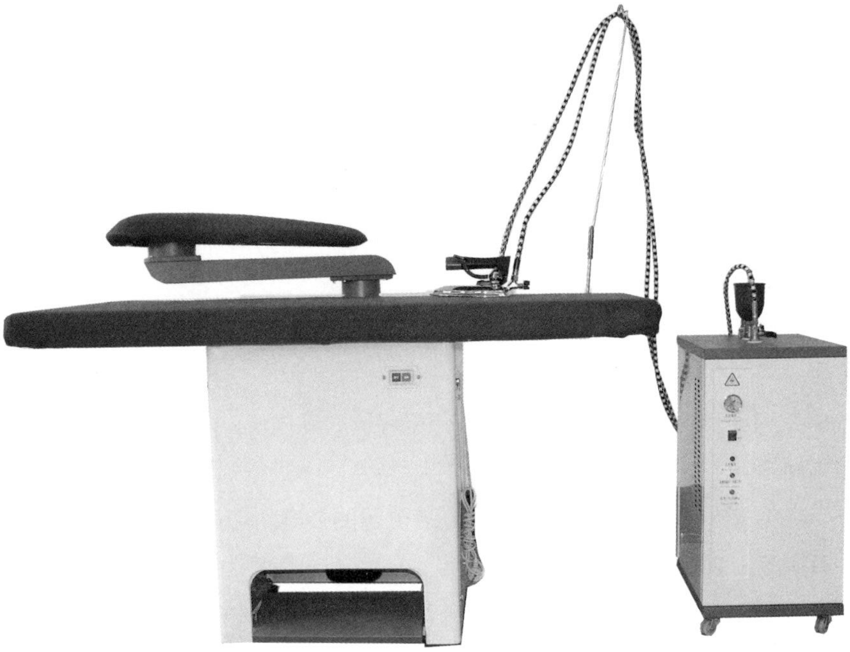

图3-2-5　烫台

看一看：平烫

二、常用熨烫技法

1. 平烫

平烫是将衣物放在衬垫物上，依照衬垫物的造型烫平，不做特意伸缩处理的一种手法。常用于布料去皱、缩水或服装的整理等。

- 操作方法：选择一块有皱痕的布料，平铺在工作台上；调节熨烫温度，取一块同种碎料试烫，确认温度适合后再进行熨烫；在明显的折痕部位刷水，熨烫其他部位时同步加蒸汽；右手持熨斗，从右至左，由下向上推移。
- 要求：布面烫平整、干燥、完全消除褶皱，无烫黄、烫焦现象。

2. 压烫

压烫是服装止口处压实定型的熨烫手法，主要用于钩缝后的领、衣襟、下摆、袖口等部位的定型。

- 操作方法：盖水布，用重力压烫止口，停留时间可稍长，直至烫平、烫薄、烫干。
- 要求：折角方正，压烫平实；止口不倒吐；布面整洁，无极光。

3. 分烫

分烫是指缝合后的缝份分开、熨烫定型，使缝份分匀、烫实、烫平，从而使服装半成品平顺、服帖、平整。

（1）平分烫。平分烫是指把缉好的衣缝不伸、不缩地烫分开，常用于裙子的侧缝、裤侧缝等（图3-2-6）。

• 操作方法：平缝后将布面拉平，缝份朝上平铺在烫台上；左手在前分开缝份，右手持熨斗，以熨斗尖部逐渐跟进左手，向前将缝份分开烫平；翻到正面，盖上烫布，往复熨烫直至烫平。

• 要求：缝份完全打开，不留坐势；缝口平整，不变形。

（2）伸分烫。伸分烫是指在分缝熨烫时一边熨烫，一边将缝子拉伸，主要用于裤子的下裆缝、袖子的前偏袖袖缝等，使之缝缉后符合人体的立体造型，做到不紧、不吊（图3-2-7）。

• 操作方法：先做平分烫，然后左手捏住缝份一端向外拉伸，右手持熨斗压住缝份，边压边向前推移，使缝口比原先略长。

• 要求：操作时注意双手配合，熨斗不能停留时间过长，拉伸幅度根据需要而定，拉伸用力均匀。

（3）缩分烫。缩分烫常用于裙侧缝、裤侧缝的外凸斜弧形缝、上衣衣袖的外偏袖袖缝、肩缝等。

• 操作方法：平缝后将缝份向上打开，下面垫袖凳或布馒头；右手持熨斗，熨斗尖部对准缝份，左手将缝份分开，并向熨斗尖部方向略推送；熨斗将分开的缝份压实，边分烫边前进。

• 要求：左手辅助熨烫，推送时前后要均匀一致；缩分烫完成后，缝口应平服，不变形。

4. 扣烫

扣烫是指将裁片毛边扣净并压烫定型的熨烫技法。常用于贴袋、袖口、下摆等处的熨烫。为保证熨烫质量，扣烫时一般备有硬而薄的净样，称为扣烫样板。

（1）平扣烫。平扣烫技法即平扣缝熨烫，常用于裙子或裤子的腰头缝制，熨烫时必

看一看：平分烫

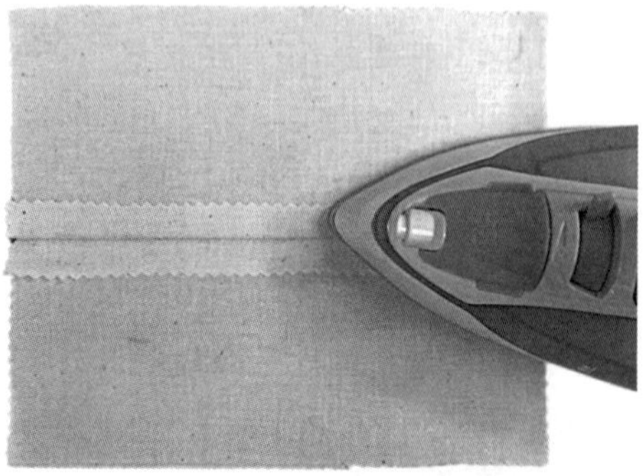
图3-2-6　平分烫

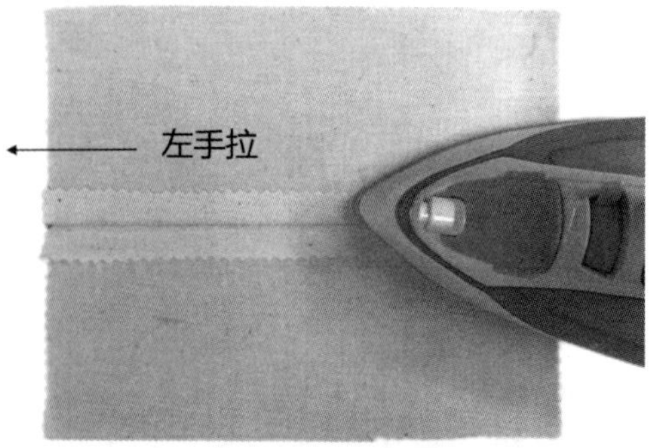

图3-2-7　伸分烫

须用平扣缝的方法将腰头两边的毛边扣折烫压为光边，而且要扣烫平顺、服帖、烫实（图3-2-8）。

• 操作方法：左手沿扣烫样板将布料缝份向内扣折约1cm，右手持熨斗压住转折的缝份；左手边扣边向后退，右手边烫边跟进。将布料翻正，整个熨斗压住折边，加湿后用力烫实，切忌熨斗沿折边用力推移。注意折烫折边时要轻，最后翻正熨烫时要重；双手动作配合默契，尤其右手注意跟进。

• 要求：止口顺直、平服、不变形，折边宽度一致。

（2）缩扣烫。缩扣烫多用于局部，如衣袋扣烫圆角，及衣袖袖窿收吃势的扣烫（图3-2-9）。

• 操作方法：借助扣烫样板，左手折边，右手跟进，用熨斗的尖部压实折边；取出扣烫样板，翻正布料，沿止口用力压烫，同时加蒸汽。整个过程样板不能移动，可以提前手缝抽缩或大针脚机缝，使圆角收缩成曲势，帮助熨烫定型。

• 要求：止口圆顺、平服、不变形，缝份无死褶。

5. 归烫

归，指归拢，通过熨烫使布料长度缩短（图3-2-10）。

• 操作方法：左手归拢丝绺，右手稍用力沿弧线推移熨斗，需要缩短的部位在熨斗内侧。

• 要求：布料变形自然，曲面平服。

6. 拔烫

拔，指拔长，通过熨烫使布料长度变长（图3-2-11）。

图3-2-8　平扣烫

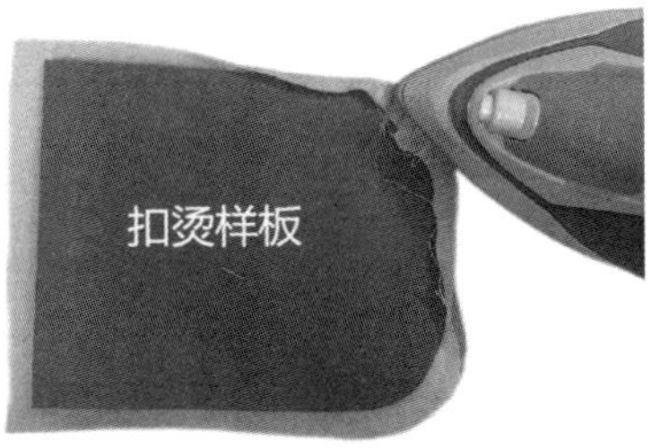

图3-2-9　缩扣烫

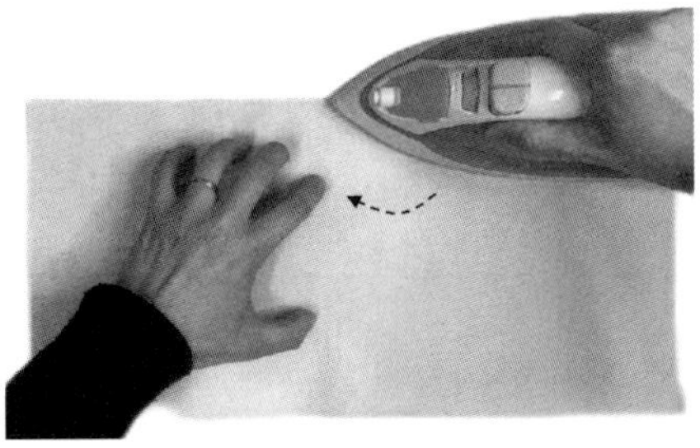

图3-2-10　归烫

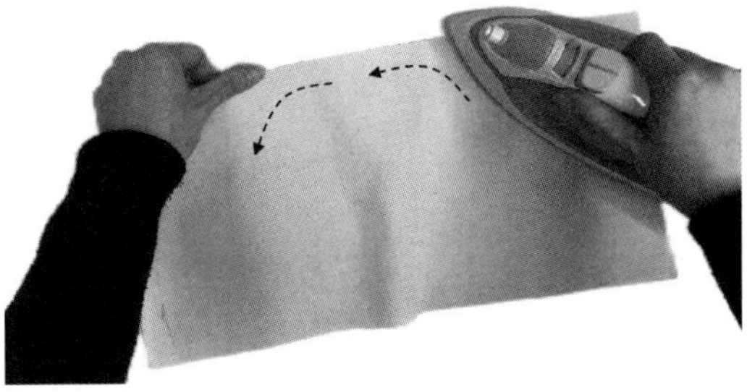

图3-2-11　拔烫

• 操作方法：左手向前拉布料，右手持熨斗沿弧线用力推，需要拔长的部位在熨斗外侧。

• 要求：布料变形自然，曲面平服。

三、熨烫注意事项

（1）确认熨斗底部光洁无污物，特别是一些黏合衬的黏结物，在熨烫前应清理干净。可关闭蒸汽，提高熨斗温度后在坯布上反复摩擦去除污物。

（2）把握正确的熨烫温度，熨烫中要常试温，忌烫黄、烫焦衣物。

（3）给湿正确，喷水或加蒸汽要均匀、适度，忌过干或过湿。

（4）注意力要集中，推移熨斗要根据熨烫要求，掌握轻重缓急，要随时观察熨烫效果，熨斗不能长时间停留在一个位置上。

（5）被熨烫的衣物要垫实、展平。熨烫应尽量在反面进行，如要在正面熨烫，需垫上烫布，以免烫黄、烫脏或出现极光。

（6）熨烫时根据衣物部位及工艺要求的不同，合理选择熨斗的使用部位，有时用熨斗底的全部，有时需要用尖部、侧部、后部等。熨烫方向应与车缝方向保持一致。

（7）右手持熨斗操作，左手固定衣物，双手密切配合。分缝烫时用手指劈开缝份，归、拔时用手指将丝缕辅助聚拢或伸开。

熨烫技法一定要在实践中反复摸索才能掌握。为了使衣服定型效果良好，且长久不变形，就需要熨烫到位，这就要注意熨烫时湿度、温度、压力、时间的配合，以及手法的灵活运用。

四、熨烫专业术语

常用熨烫工艺专业术语见表3-2-1。

表3-2-1 常用熨烫工艺专业术语

名词	解释
水花	熨烫前喷水不够多或烫时温度不够高，造成衣服上留下水渍的现象
极光	织物表面纤维损坏形成光反射现象
烫黄	由于熨斗的温度过高，将衣物烫黄变色
烫熔	由于熨斗的温度过高，将衣物烫化、烫漏
污迹	脏印

思考讨论

1. 分析熨烫工艺在服装制作生产中的作用。
2. 熨烫的基本原理是什么？
3. 熨烫工艺的参数有哪几项？在实际操作中应注意哪些事项？
4. 熨烫中的“极光”现象是怎样产生的？

实践练习

正确使用电熨斗，认识平烫、分烫、扣烫、压烫、归烫、拔烫等熨烫技法的用途，练习各种熨烫技法，体验各种熨烫效果的差异。

思政训练

传统熨斗分为斗形、船形、鸟形三大类型，随着人们对熨斗用途的拓展以及对使用安全的重视而不断演变，其是传统造物思想与民间工匠精神的结合，请了解中国传统熨斗的演变与分类，感受古人的造物智慧。

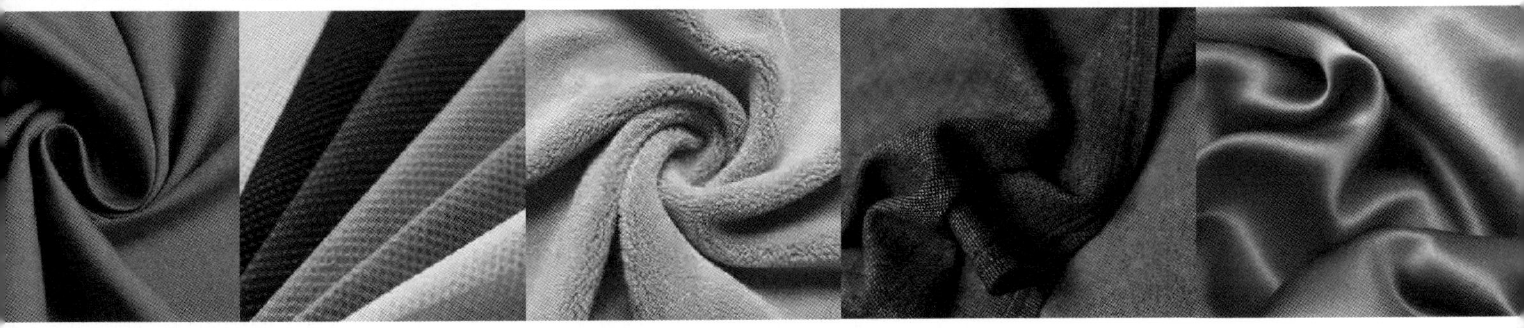

第四章 手缝工艺

本章学习目标

1. 认识手缝工艺的常用工具及其使用方法。
2. 熟练操作并正确使用各种手缝基础针法。
3. 掌握并运用手工锁眼以及各类纽扣的钉缝方法。

思政元素融入

通过本章内容的学习，学生能认识服装手缝工艺的技法，提升手缝的实践操作能力，并通过旗袍制作师褚宏生等案例，引导学生敬业、精益、专注、创新，树立精益求精的工匠精神。

第一节 手缝工具

手针缝制是一项传统的工艺，它历史悠久，具有灵活方便的特点。虽然科技的发展给服装工业带来了能快速缝制高质量服装的加工设备，但手针工艺以它特有的魅力，在高级成衣、女式时装、童装、舞台服装及服饰品的缝制中，仍扮演着不可或缺的角色。

手针工艺是服装缝纫工艺的基础工艺，主要是使用布、线、针及其他材料和工具，通过操作者的手进行操作的工艺。常用的手缝工具主要有以下几种。

1. 手缝针

手缝针是最简单的缝纫工具（图4-1-1）。针号由衣料的厚薄、质地及用线的粗细而决定，手缝针型号见表4-1-1。号数越小针身就越粗越长，反之就越细越短。常用的手缝针为6号、7号。按照用途分类，手缝针有普通衣针、皮革针、绣花针等种类。

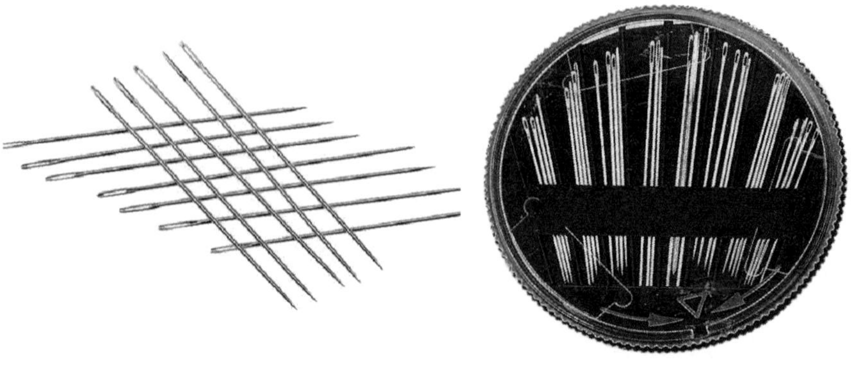

图4-1-1 手缝针

表4-1-1 手缝针型号

手缝针型号	最粗直径（mm）	用途
1#	0.96	缝制粗帆布、牛仔布等较厚较硬的面料
2#	0.86	
3#	0.86	缝制厚衣物、锁扣眼、钉扣子
4#	0.8	
5#	0.8	缝制中等厚度的面料以及成品钉扣眼、钉扣子等
6#	0.71	
7#	0.71	缝制薄面料及成品的锁扣眼、钉扣
8#	0.61	
9#	0.56	缝制精细的丝绸面料
10#	0.48	
11#	0.48	刺绣
12#	0.48	
13#	0.39	在薄型面料上刺绣或钉珠片等
14#	0.39	
15#	0.33	

2. 顶针

顶针又称针箍，用于保护手指在缝纫中免受刺伤。如图4-1-2所示，顶针有箍式与帽式之分。选用顶针时，要求内壁光润而不扎手，外壁的洞眼深一些，以免打滑而刺破手指。顶针一般可以戴在中指的第一与第二关节之间，也可以戴在中指的指尖上。

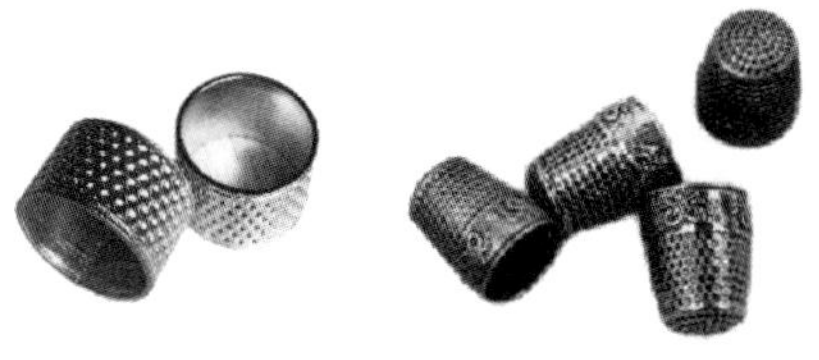

箍式 **帽式**

图4-1-2 顶针

3. 剪刀

剪刀是手缝制作中的主要工具之一。常见的有裁剪刀、裁纸刀、线剪等；裁布剪刀要求锋利耐用，纸样剪刀则要求精细。

4. 缝线

常见缝线的品种有棉、丝、毛、混纺及各种化纤线，各种线因材质、粗细不同而用途不同，可根据布料、针法及手针的号数等选用（图4-1-3）。

图4-1-3 缝线

5. 其他手缝工具

手缝工艺常用的辅助性工具有锥子、拆线器、布料夹等，如图4-1-4所示。

图4-1-4　其他手缝工具

第二节　手缝针法

手针缝制种类较多，下面介绍几种常用的手缝针法，从其运用范围、操作方法、工艺要求等方面分别加以阐述。

一、手缝基本操作

正确的手势与规范的操作是缝制出高品质服装的重要前提和基础。

1. 穿线

看一看：穿线

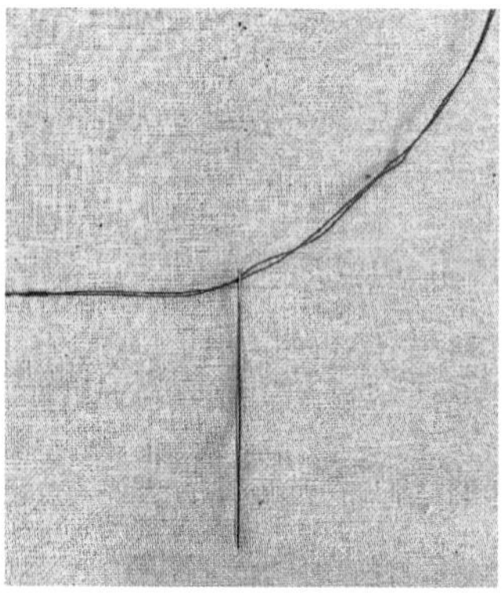

图4-2-1　穿线

穿线就是把缝线穿入针孔中，如图4-2-1所示。

• 操作方法：左手捏针，右手捏线，两手相抵穿线。穿针前，先把线头处散开的纤维剪去，把线头捻尖捻细，然后穿过针尾的针孔。必要时也可以使用穿针器，以提高穿针效率。

2. 握针

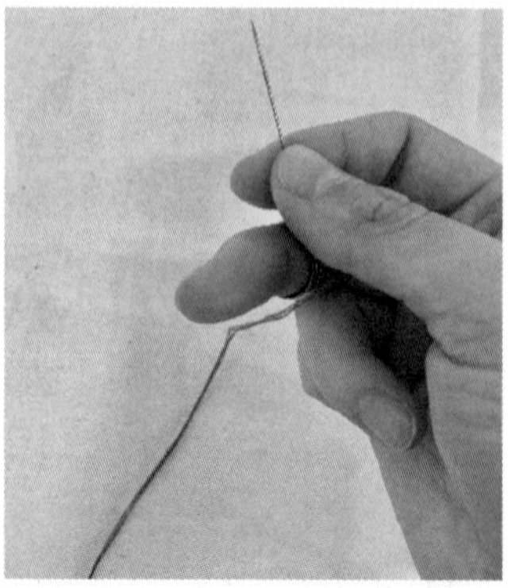

图4-2-2　握针

握针手势是否合适，操作是否熟练，对手工缝纫的质量和效率都有一定的影响，因此初学者应正确握针、熟练运针（图4-2-2）。

• 操作方法：运针时，右手捏住针杆中段，中指戴顶针抵住针尾，帮助手针向前推进。用线长度应与拉线动作的幅度相适应为宜，一般控制在50cm左右。

3. 打起针结

起针结在缝制起始时，起到止住线头、防止脱落的作用。

• 操作方法：如图4-2-3所示，穿线后左手持针，用针尖压住线头顶端0.5cm处，单线需捏住长一点的线头顶端，右手持线顺时针绕到针上，如需要线结大一点则可以多绕几圈，绕完后捏紧线圈，右手轻轻拉出针，直至线结打紧即可。缝制时要注意线结一定不能从面料正面露出。

• 要求：线结光洁，大小适中，尽量少露线头。

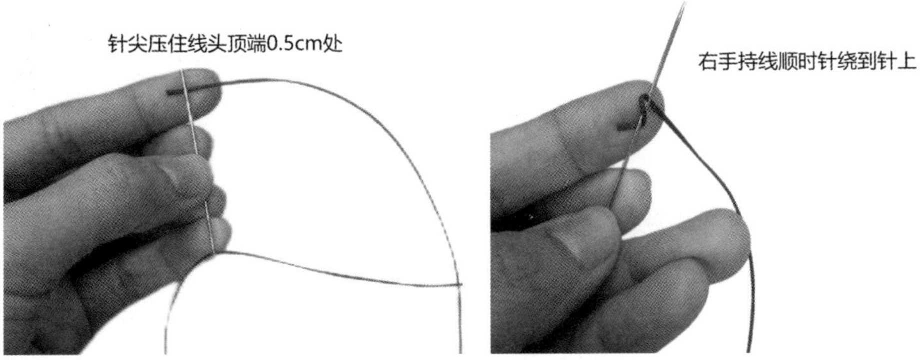

看一看：起针结

图4-2-3　打起针结

4. 打止针结

止针结是手缝结束时在线根处打的结，作用为防止缝线脱出。

• 操作方法：缝制完成后，在隐蔽处下针，挑两三根丝线，出针时先出一半针，顺时针将线绕至针上，捏紧线圈后再拉出全部针及线，直至线结打紧（图4-2-4）。为防止线结松脱，可以重复一次前面的操作。

• 要求：线结紧扣布面，并在原地回一针，将结拉入布层。

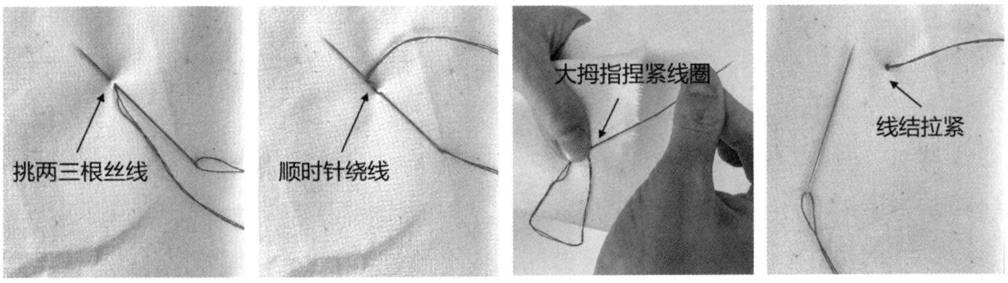

（1）　（2）　（3）　（4）

看一看：止针结

图4-2-4　打止针结

二、手缝基础针法

1. 绗针

绗针是手针针法的基础，它要求手指配合协调、灵活。绗针分为短绗针、长绗针、长短绗针，如图4-2-5所示。

看一看：绗针

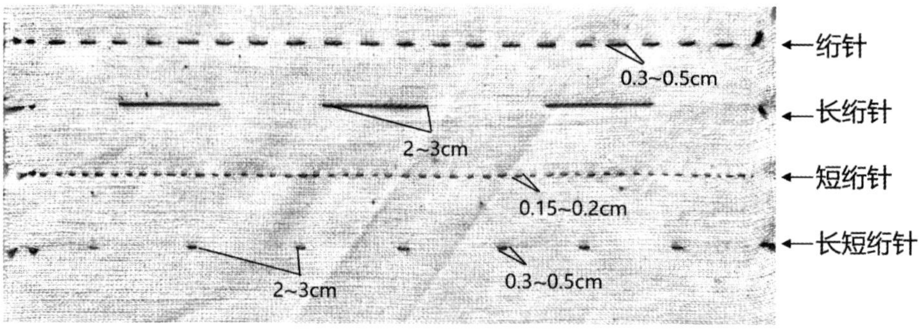

图4-2-5　绗针

（1）短绗针。

• 运用范围：常用于手工缝纫、装饰点缀、归拢袖山弧线吃势、抽碎褶、圆角处抽缩缝份等，也用于假缝试穿。

• 操作方法：将手针由右向左，并间隔一定距离连续运针3～4针后拔出，运针时只是做针尖运动。短绗针针距间隔为0.15～0.2cm或0.3～0.5cm。

• 工艺要求：针距大小一致，线迹上下均匀、整齐，直线顺直、弧线圆顺，缝线松紧度适宜。

（2）长短绗针。

• 运用范围：长短绗针也称绷缝。用来临时固定2片或2片以上的衣片，为下道工序做准备。常用于覆衬、绷底边或贴边、绷腰里等。

• 操作方法：用左手压住缝物，右手拿针由上而下、自右向左运针，上层针距大，为2～3cm；下层针距小，为0.3～0.5cm。

• 工艺要求：针距长短一致，线迹整齐、顺直，缝线松紧度适宜。

2. 打线钉

• 运用范围：用于各种高档毛料服装或不能采用划粉做标记的混纺面料、丝织衣片，线钉在服装生产过程中的作用是定位，目的是把上层面料的粉印用线钉反映到下层面料上，确保上下层衣片各部位结构准确、左右对称。

• 操作方法：如图4-2-6所示，针法同长绗针，将衣片正面相叠，上下对齐，在需打线钉的部位按画线位置绷缝，缝完后将线剪断；然后掀开衣片上层，使上下层间的线迹外露0.5cm左右，从中间将线剪断；最后，在正面将线头修剪至0.2cm的绒毛即可。

• 工艺要求：线迹长短适宜、整齐、顺直，缝线松紧度适宜，不能剪破衣片。

3. 回针

• 运用范围：回针也称倒勾针或勾针，有全回针和半回针之分（图4-2-7），一般用于高级毛料服装的领口、袖窿等受力部位，起加固作用。

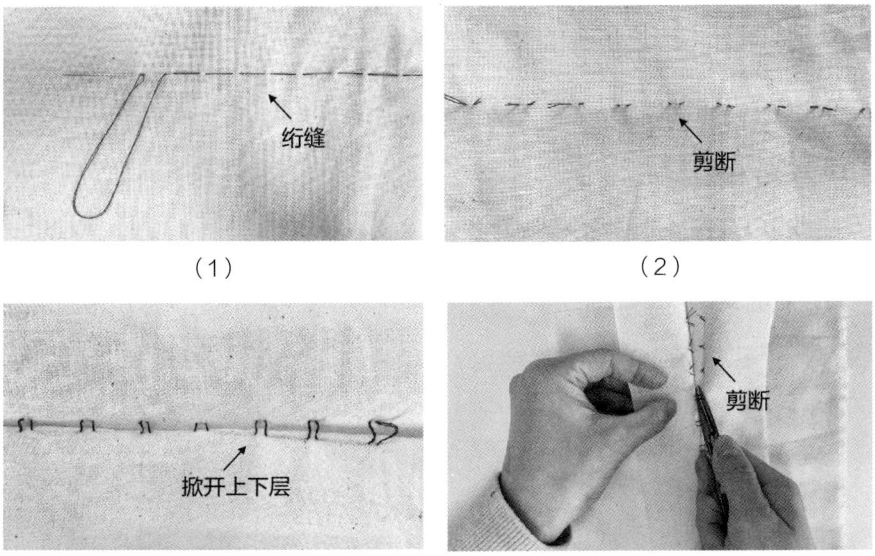

（1）（2）（3）（4）

图4-2-6 打线钉

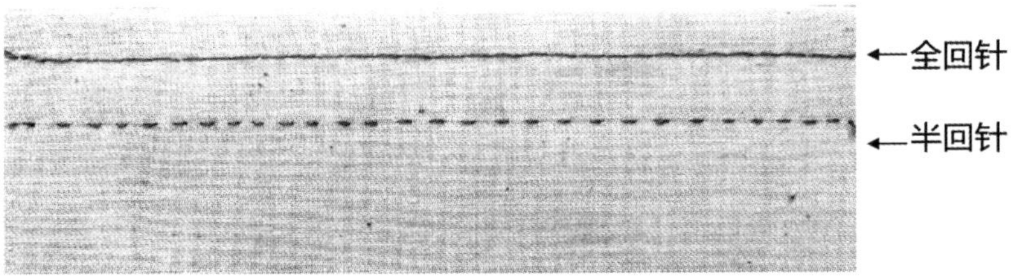

图4-2-7 回针

（1）全回针。

• 操作方法：运针总体方向是从右向左。其针法是一边将针回到原针眼位置，一边缝下去，针迹前后衔接，外观与缝纫机平缝线迹相似。

• 工艺要求：直线形线迹的回针，要求针距长短适宜、整齐、均匀、顺直，缝线松紧度适宜。

看一看：全回针

（2）半回针。

• 操作方法：有直线形和斜形之分，斜形的半回针也叫扎针。运针总体方向是从右向左，其针法是一边将针回到原来针眼位置的1/2处，一边缝下去。直线形线迹多用于两块布的固定，使其不移位。

看一看：半回针

4. 缲针

缲针是面料正反面都微露或者不露线迹的针法，有明缲针、暗缲针之分，如图4-2-8所示，通常用于服装底摆贴边或者面、里料缝合等处理。

（1）明缲针。

• 运用范围：明缲针是线迹略露在外面的针法，多用于中式服装贴边处；缝线宜选用与衣料同色线，以便隐藏线迹。

• 操作方法：把衣片贴边折转扣烫好；第一针从贴边内向左上挑起，使线结藏在中

看一看：明缲针

看一看：暗缲针

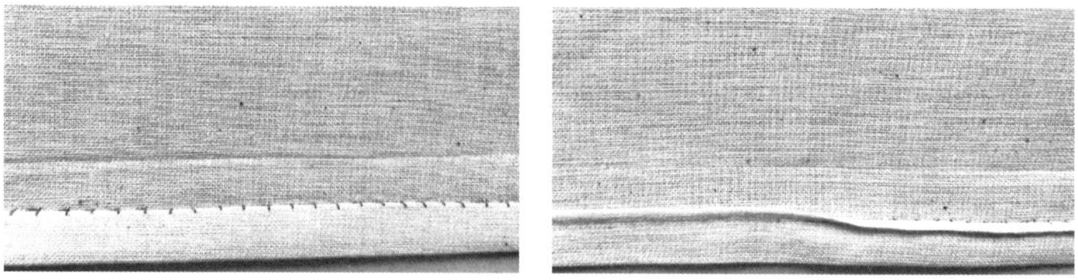

明缲针　　暗缲针

图4-2-8　缲针

间；第二针向左距第一针约0.2cm处挑起衣片大身和贴边口，针穿过衣片大身时只挑起一两根纱丝；针法由右向左、由内向外缲，循环往复进行，线迹约0.2cm，针距约0.5cm，线迹为斜扁形。

- 工艺要求：线迹整齐、均匀，缝线松紧度适宜；正面不能露线迹，反面线迹要整齐。

（2）暗缲针。

- 运用范围：暗缲针由于线迹较隐蔽，常用于女式夹服、毛呢大衣、两用衫的贴边固定。
- 操作方法：把衣片贴边折转扣烫好，第一针沿贴边内边缘向左上挑起，使线结藏在中间；第二针在贴边口与第一针处垂直挑起衣片大身一两根纱丝；由右向左、由内向外直缲，线迹为直点形，缝线隐藏于贴边的夹层中间，每针间距为0.3～0.5cm。
- 工艺要求：暗缲针在服装反面操作，线迹宜松弛；线迹整齐、均匀，缝线松紧度适宜。

5. 三角针

- 运用范围：常用于下摆、袖口、裤口的贴边等的边缘处理。
- 操作方法：三角针的针法为内外交叉、自左向右倒退。如图4-2-9所示，先将贴边折烫好，线接头藏于贴边与衣片夹层中，按照数字1～9顺序，第一针从贴边内并距边0.6cm处的贴边正面穿出，第二、第三针向后退，缝在衣片反面紧靠贴边边缘处，挑起1～2根纱线，第四、第五针缝在贴边处，正面距边0.6cm，第一针与第四针的距离为0.7cm，第三针与第四针的距离也为0.7cm。
- 工艺要求：选用与衣料同色线，要求正面不露出针迹，缝线不宜过紧。

看一看：三角针

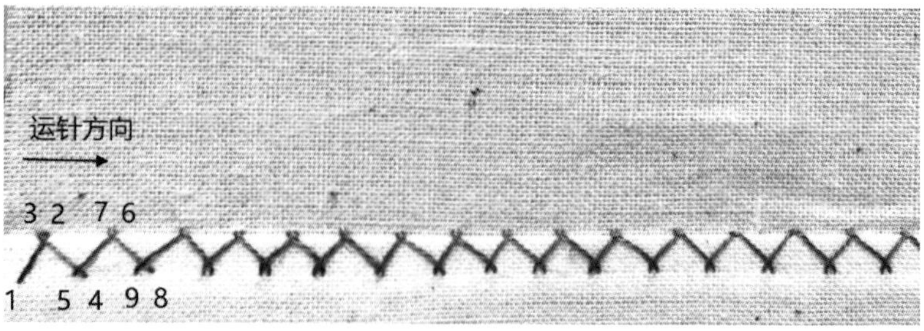

图4-2-9　三角针

6. 八字针

• 运用范围：又称纳针，多用于毛料西服或大衣的领驳头处，使面料与衬布缝合成一体，形成面紧衬松、自然翻折的一种针法。

• 操作方法：如图4-2-10所示，将衬布朝上、衣身在下摆放，左手拇指在上，食指在下捏住衬布与大身，并将领驳头捏成自然卷曲状；右手将针穿入缝料，按照数字1~4顺序，挑起衣身面料1~2根纱，针距约0.2cm，线连长约0.7cm；行距上端约0.3cm，下端约0.7cm，每缝一针拉一次线，从里向外来回斜缝，行与行之间呈“八”字形。

• 工艺要求：驳头（上、下面料）缝后形成自然卷曲状，衣片面料不露线连，但需缝住1~2根纱，针距均匀，缝线松紧适宜。

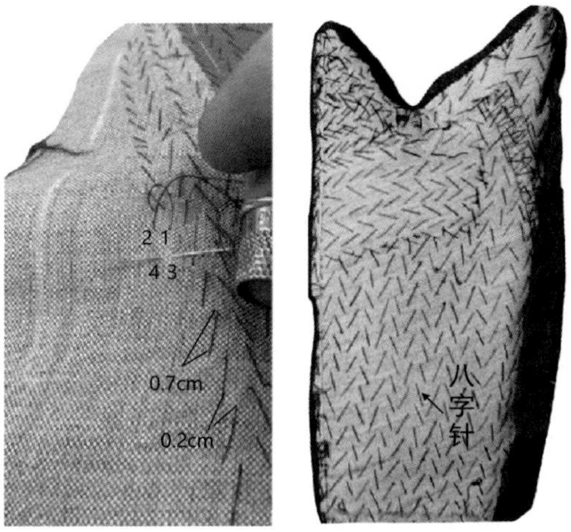

图4-2-10　八字针

7. 贯针

• 运用范围：贯针是一种将缝份折光后对接的针法，又称串针，常用于无法车缝的部位或斜丝部位的缝合，尤其适合于西服领串口部位领面与驳头的对格对条处理。

• 操作方法：将需对接部位的缝份折烫好，运针方向从右向左，起针的线结藏在缝份中，线迹在衣片的缝份里，正面不露线迹，针距为0.15~0.2cm，如图4-2-11所示。

• 工艺要求：上、下针距均匀，缝线松紧适宜，接缝处表面平整不起涟，串口线顺直。

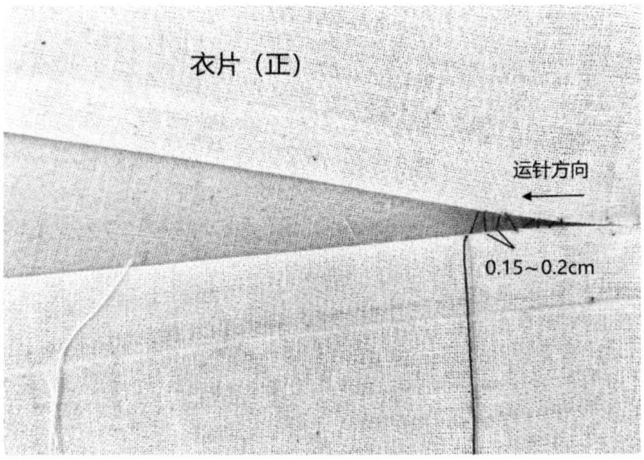

图4-2-11　贯针

8. 锁边针

• 运用范围：常用于衣服的边缘锁边、贴补图案等。

• 操作方法：将需要锁边的面料边缘正面朝上，在左上角距边缘0.3~0.5cm处下针，第二针向右0.3cm左右正面下针反面出针，或者反面下针正面出针，注意在线环拉紧前，针从下往上穿过线环，再慢慢拉紧。

• 工艺要求：针迹整齐平整，针距均匀、宽窄一致（图4-2-12）。

图4-2-12　锁边针

9. 打套结

• 运用范围：套结的作用是增强封口的牢度，常用于开衩、裤子袋口上下端及门里襟的封口等部位。

• 操作方法：如图4-2-13所示，由反面起针，先并排缝四行衬线，然后用锁针缝牢衬线及布面，注意抽线时不宜太紧，每针拉力要均匀。衬线锁满后针穿至反面打结。

• 工艺要求：套结长度适宜，排列整齐、紧密，缝线均匀，表面平整。

看一看：打套结

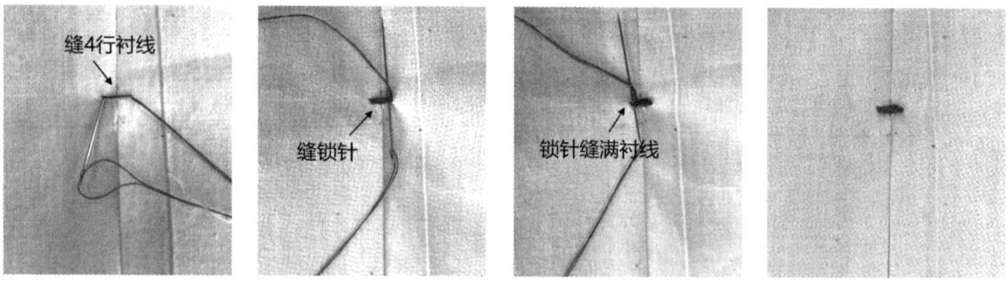

（1）（2）（3）（4）

图4-2-13 打套结

10. 拉线襻

• 运用范围：线襻也叫线环，常用于固定裙子、风衣、大衣等服装的活里布与面布，也可作为腰带襻使用。常见方法有手编法和锁缝法两种。

• 操作方法：第一针从衣片折边摆缝的反面向正面穿过，线结藏于夹层中间；先缝两道重叠线，再将针穿过两行线内形成线圈；左手中指钩住缝线，同时右手轻轻拉缝线，并脱下左手上的线圈，用右手拉，左手放，使线襻成结。如此循环往复至需要的长度，最后将针从线圈中拉出，将针穿过里布折边摆缝处打结后剪断即可（图4-2-14）。

• 工艺要求：线襻均匀、整齐、顺直，长度适宜，松紧一致。

看一看：拉线襻

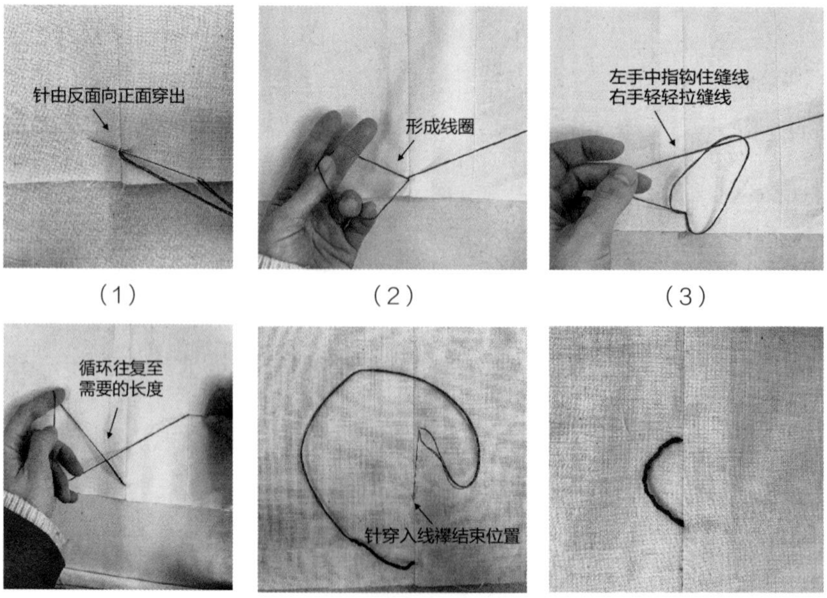

（1）（2）（3）
（4）（5）（6）

图4-2-14 拉线襻

第三节　锁眼钉扣

一、锁扣眼

扣眼的位置（图4-3-1）和间距应根据设计要求和穿着情况来决定。通常，扣眼的间距是相等的，但长大衣、长风衣等较长的外衣，越到下面，扣眼的间距应越大些，这样才会使视觉产生平衡感。

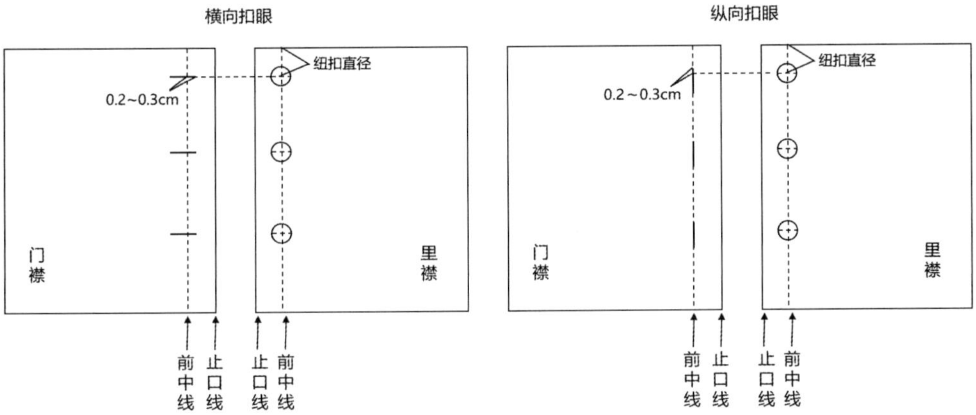

图4-3-1　扣眼的位置

扣眼的长度是由扣子的大小和扣子的厚度决定的。扣眼的长度＝扣子的直径＋扣子的厚度，各类扣子的扣眼大小计算如图4-3-2所示。

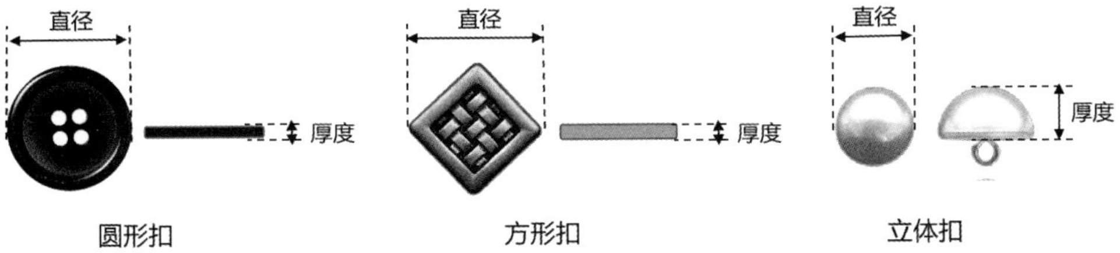

图4-3-2　扣眼大小计算

手工扣眼主要用锁边针法缝制，按方向分主要有横向扣眼和纵向扣眼两种；按造型分，常规有平头扣眼和圆头扣眼两种。

1. 平头扣眼

• 运用范围：平头扣眼呈直方形，主要应用于轻薄服装，如衬衫、两用衫、童装中。一般使用单股线，也可根据衣料厚度用两股线合并缝锁。

• 操作方法：

（1）如图4-3-3所示，首先确定扣眼大小，一般宽为0.4～0.6cm，长为扣子直径+

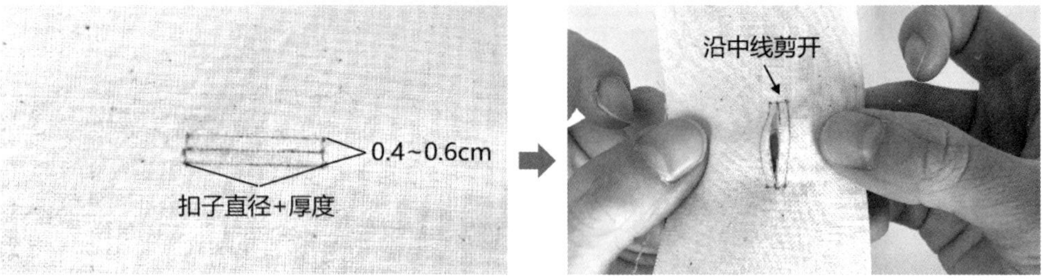

图4-3-3　定扣位、剪扣眼

扣子厚度；在锁眼部位背面熨烫黏合衬，以加固面料，防止开剪后面料脱线；再在扣眼中央沿布丝剪口。

（2）在扣眼周围扦上一圈衬线，运针顺序参照图上1～7标识，再用锁边针法沿一侧衬线锁边，如图4-3-4所示。

看一看：平头扣眼

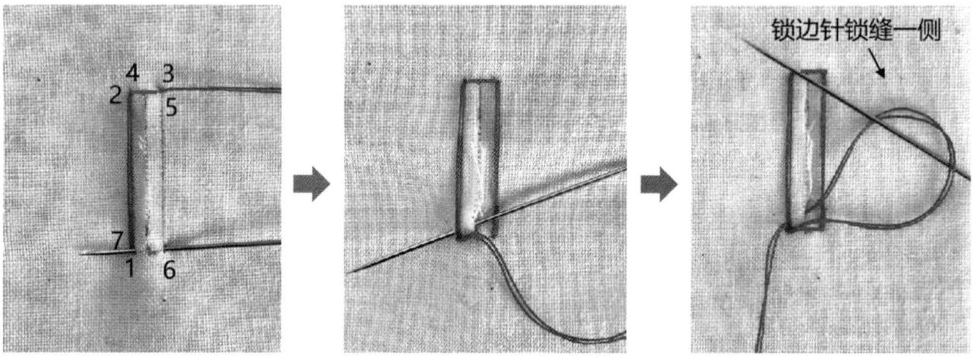

图4-3-4　扦衬线、锁边

（3）一侧锁眼完成后，在转角处将线横向缝2针，再纵向缝2针；然后继续锁缝另一侧，如图4-3-5所示。

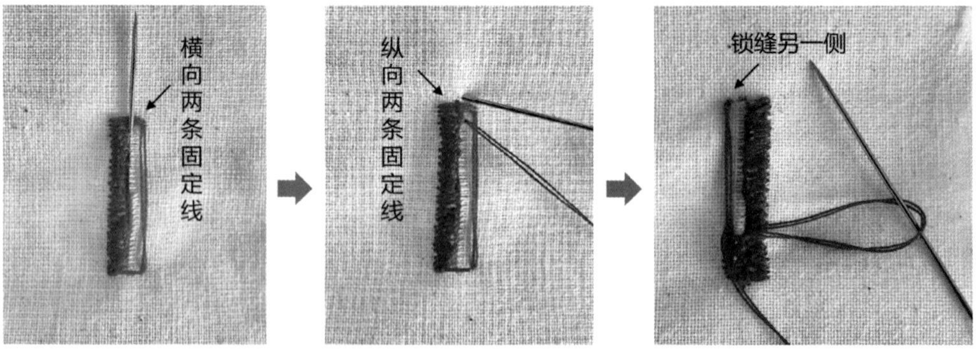

图4-3-5　锁缝另一侧扣眼

（4）锁到最后，将针插入最初锁眼的那个线圈中，将线剪断，锁眼完成（图4-3-6）。

- 工艺要求：扣位正确，针迹整齐平整，针距均匀、宽窄一致，不毛露，两头方正。

2. 圆头扣眼

- 运用范围：圆头扣眼头部呈放射形，尾部或直或尖，常用于较厚重面料的套装、

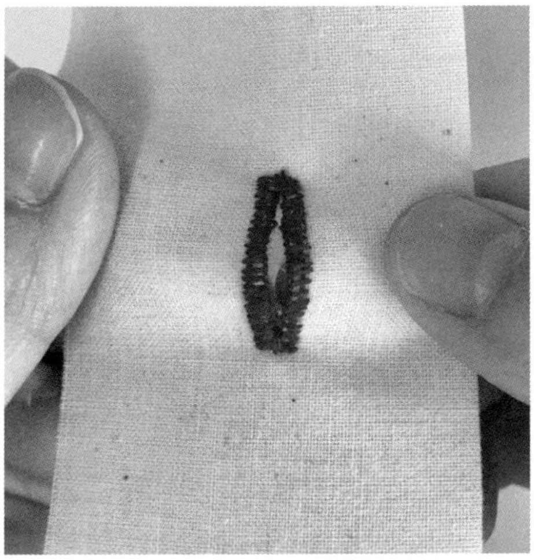

图4-3-6 锁眼完成

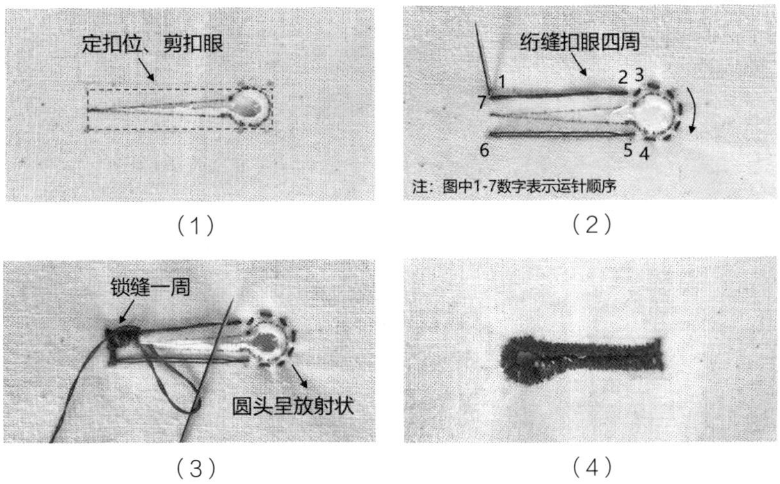

图4-3-7 圆头扣眼手缝技法

西服、大衣等服装，或者需要较强装饰性的服装。

• 操作方法：先在扣眼的前端用打孔器开出小圆孔，圆孔大小等于纽脚粗细，在四周拉衬线后再锁缝。具体操作步骤见图4-3-7。

• 工艺要求：扣位正确，针迹整齐平整，针距均匀、宽窄一致，不毛露，圆头圆顺。

二、纽扣钉缝

纽扣是一种古老的扣合件，其形状、大小、材质的种类繁多（图4-3-8），可以通过纽扣上的洞眼将纽扣缝到衣服上，也可以穿过背面的纽扣柄将纽扣缝到衣服上。纽扣一般需要手工钉缝，两眼和四眼圆盘纽扣可以用钉扣机机缝。

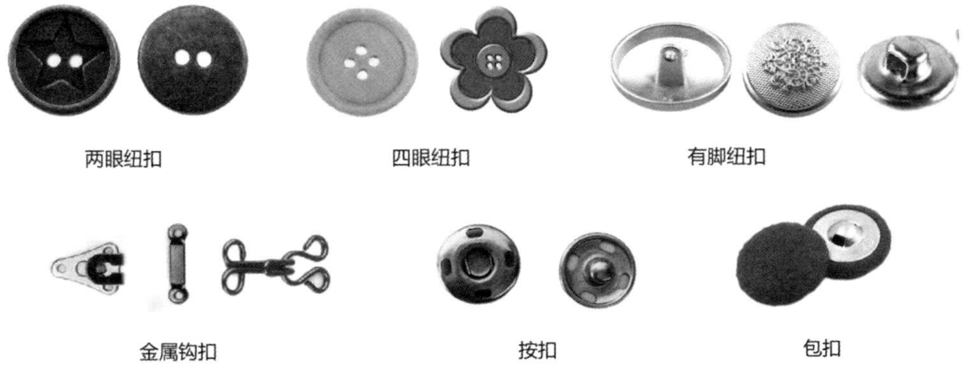

图4-3-8 纽扣种类

1. 两眼纽扣

• 运用范围：用于较厚实但用力少的服装中。

• 操作方法：具体操作步骤见图4-3-9，首先在布的表面缝成十字形，再将线穿入扣子2～3次，线柱比需要的厚度稍长；从上向下将线绕几圈，打一个线套，将线拉紧；

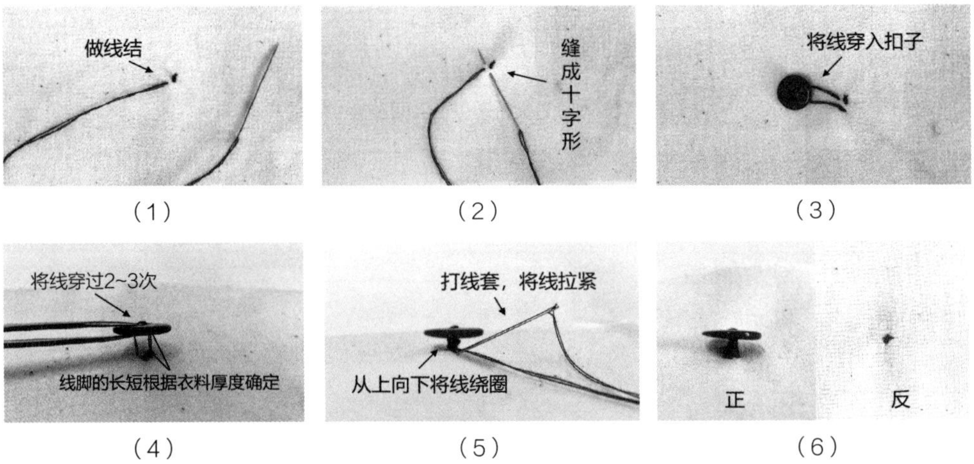

📷看一看：钉纽扣

图4-3-9　两眼纽扣钉缝方法

打结后拉进布料间再把线剪掉。

- 工艺要求：线柱紧凑，扣位正确。线柱长度适宜，衣服扣上后平整。

2. 四眼纽扣

- 运用范围：常用于衬衫、外套、裤子等服装的四眼纽扣的钉缝。
- 操作方法：四眼纽扣的穿线方法有平行、交叉、方形等钉缝种类，如图4-3-10所示。
- 工艺要求：扣位正确，衣服扣上后平整。

图4-3-10　四眼纽扣钉缝种类

3. 有脚纽扣

- 运用范围：适用于本身有脚柱扣子的钉缝。
- 操作方法：直接将缝线穿过脚柱上的扣眼与衣片固定，缝线不必放出线柱，见图4-3-11。
- 工艺要求：扣位正确，衣服扣上后平整。

图4-3-11　有脚纽扣钉缝方法

4. 金属钩扣

• 运用范围：金属钩扣主要用于左右衣片扣合在一起，如裙腰、裤腰、领口等左右片的扣合。

• 操作方法：钩扣的形状、大小要根据使用的位置与功能进行选择。钉缝方法与锁眼相同，使用锁边针针法进行钉缝（图4-3-12），钩的一侧要缩进，环的一侧要放出，钩好后使衣片之间无间隙。

• 工艺要求：位置正确，线迹整齐、干净。

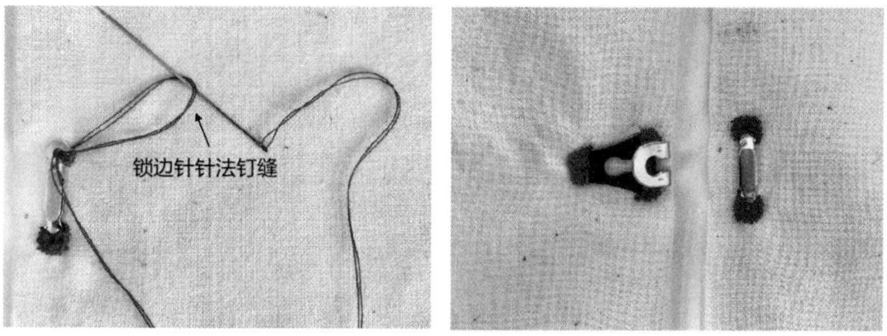

图4-3-12 金属钩扣钉缝方法

5. 按扣

按扣又称揿扣、子母扣（图4-3-13），它较纽扣、拉链穿脱方便，且较为隐蔽。按扣有大有小，色彩丰富，用途也较广。

• 运用范围：厚面料需用力的地方，钉大按扣；在不显露的暗处钉按扣时，多用与表布同色的按扣，凹形钉在下层，凸形钉在上层。

• 操作方法：在钉按扣的中央，从表面先缝1针；再使用与锁眼相同的钉缝方法，每小孔缝3～4针；最后线结放在按扣与布之间，将线剪断。

• 工艺要求：位置正确，线迹整齐、干净。

图4-3-13 按扣

6. 包扣

• 运用范围：包扣的作用同纽扣，在服装上既有实用功能，又起到装饰作用。

• 操作方法：包扣的钉缝方法如图4-3-14所示。首先将布按纽扣直径的2倍剪成圆形，再用双线在其边沿均匀密纳缝一周，塞进纽扣或其他硬质材料后将线均匀抽拢、固定。

• 工艺要求：包扣表面平整，外圆周圆顺，底部线迹均匀。

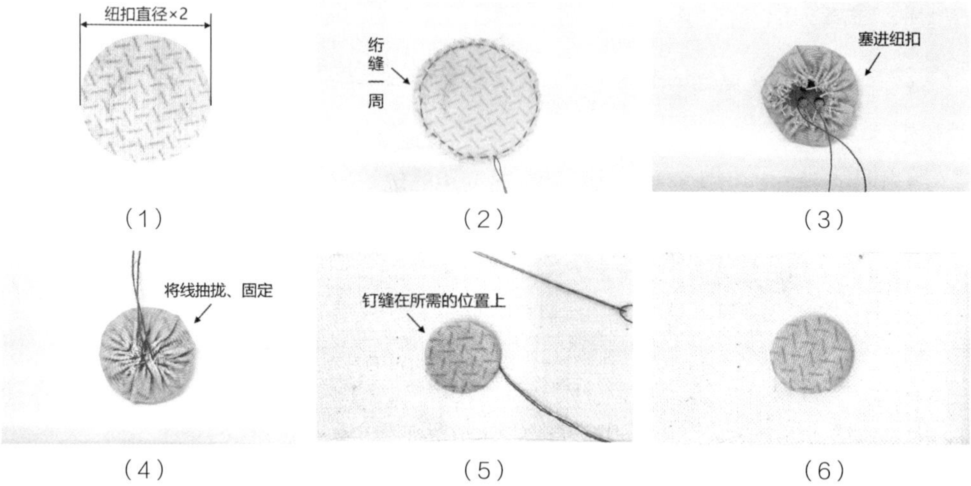

图4-3-14　包扣钉缝方法

思考讨论

1. 请列出4种手缝工具，其中手缝针的粗细是如何确定的？
2. 简述绗针的种类及其作用。
3. 简述锁边针的工艺技法。
4. 扣眼的位置和间距是由什么决定的？
5. 四眼纽扣的穿线方法有哪几种？

实践练习

1. 练习使用各类常用手缝工具。
2. 练习手缝基础针法、锁眼钉扣的操作技法，操作规范且工艺精良。

思政训练

上海旗袍制作师褚宏生被称为上海“最后的手工裁缝”，他几乎完美的手工剪裁与针法，让世人不得不感叹旗袍的精湛技艺。请查阅褚宏生的手工旗袍和事迹，领悟“中国巨匠”精神。

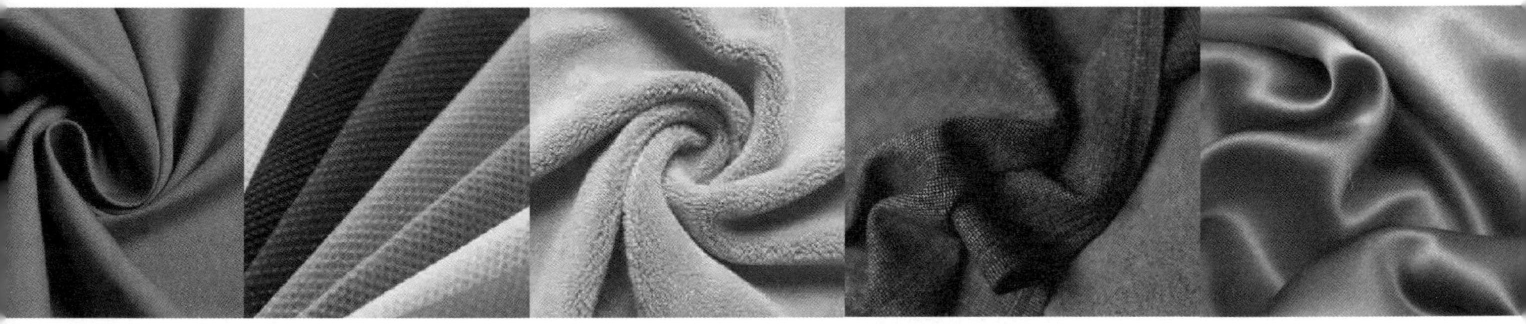

第五章 机缝基础工艺

本章学习目标

1. 理解工业平缝机的基本结构和工作原理，熟练使用平缝机，并能排除解决常见的设备故障。

2. 认识九种常见基础缝型，熟练缝制各类基础缝型。

3. 了解各类边缘处理及装饰工艺的缝制特点，以及其应用范围，掌握各类边缘处理的缝制技法。

4. 知晓省、褶、裥等造型基础工艺的细分种类及其外观特点，掌握其缝制技法，并灵活应用在服装设计与制作中。

思政元素融入

通过本章内容的学习，培养学生严谨规范的缝制实操能力、解决服装工艺操作问题的能力；通过强调线迹的均匀、面料的平整以及不同的缝制效果，提升学生对服装缝制技法的艺术鉴赏力与审美能力；通过徐永良案例，引导学生关注服装传统工艺的守正创新，弘扬传统服饰文化、鼓励创新，树立设计兴国的社会责任感和使命感。

第一节　工业平缝机操作和使用

一、平缝机介绍

1. 平缝机的结构

平缝机是服装制作的基本设备，主要由机头、操作台、线架、电动机、脚踏板五个部分组成（图5-1-1）；其中，机头是平缝机的核心部分，由压脚、手轮、针距调节器、挑线器、压脚压力调节器等部分组成（图5-1-2）。

机缝工艺是指使用缝纫机将各裁片连接在一起的工作过程，也称车缝或缉缝。

看一看：平缝机介绍

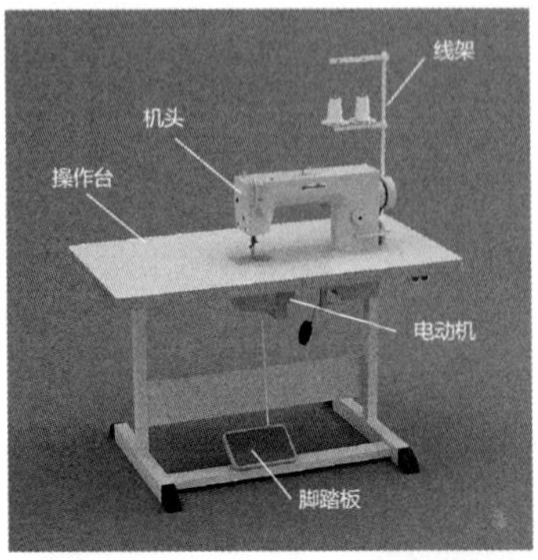

图5-1-1　平缝机的组成

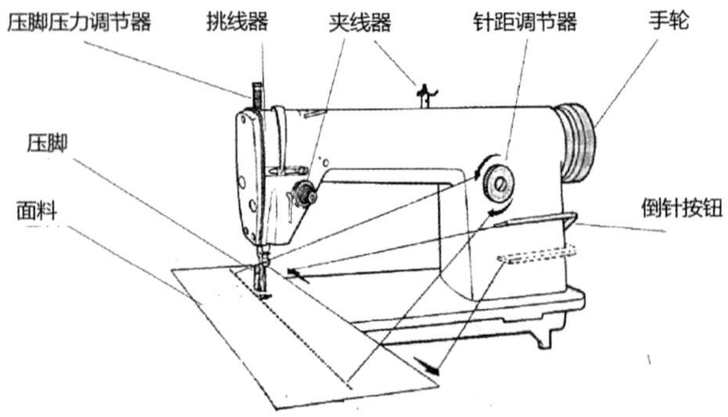

图5-1-2　机头的结构

2. 平缝机的成线原理

缝纫机的缝纫线分为面线和底线。缝纫机在面料上缝制线迹的过程为：机针通过针孔带着线穿进面料，形成线套，与底线进行交织，拉伸机线形成锁式线迹，再沿线迹的方向传送面料，如此重复进行。

二、平缝机的操作与使用

1. 装针

（1）机针结构。机针包含针杆、针眼、针尖三个部分，在针杆的下半段两侧结构有所不同，一边是长凹槽，一边是短平槽，如图5-1-3所示。机针的型号与面料配合的选用说明见第一章第三节。

机针代号为DB，在购买及选用机针时需读懂缝纫机针包装上的标识含义，如图5-1-4所示。

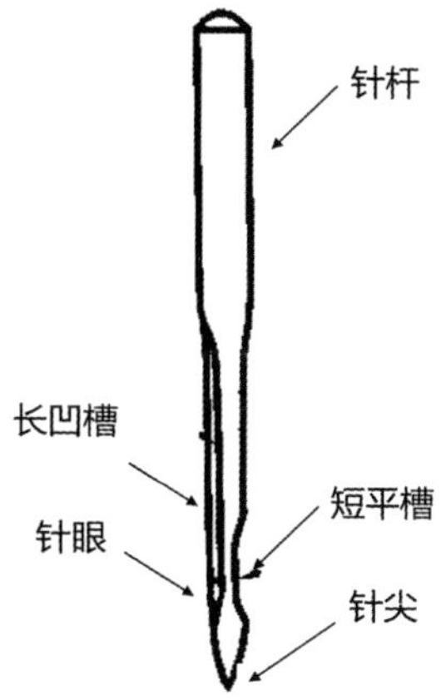

图5-1-3　机针结构

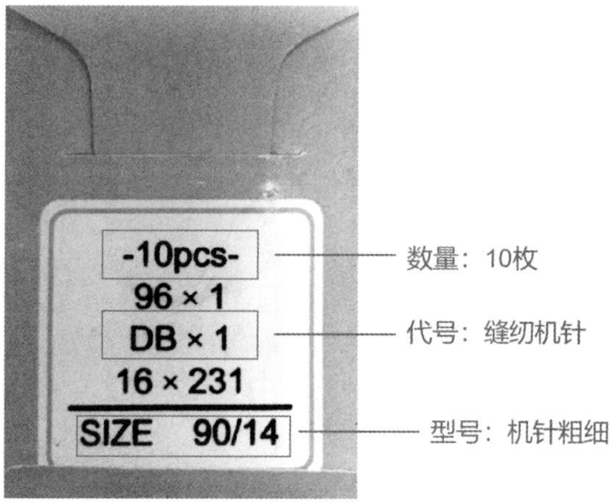

图5-1-4　机针包装标识

（2）装针要点。

• 操作方法：①装针时，转动上轮，使针杆升到最高位置；②用螺丝刀旋松螺丝，将机针的长凹槽朝左，短凹槽朝右拿好（图5-1-5）；③把针柄插入针杆下部的针孔内，使其顶到针杆孔的顶部为止，再旋紧装针螺丝（图5-1-6）。

• 注意：安装机针时，要关闭电源开关，避免因误踏脚踏板、启动缝纫机而受伤。

2. 穿面线

• 操作方法：穿面线时针杆应升至最高位置，然后由线架上引出线头，按照图5-1-7中所示的1～14顺序穿线。

• 注意：由于设备型号不同，穿面线的方法也会略有差别。

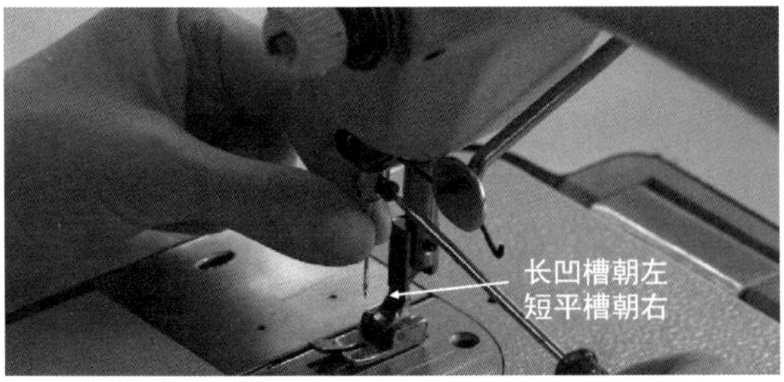

图5-1-5 装针方向

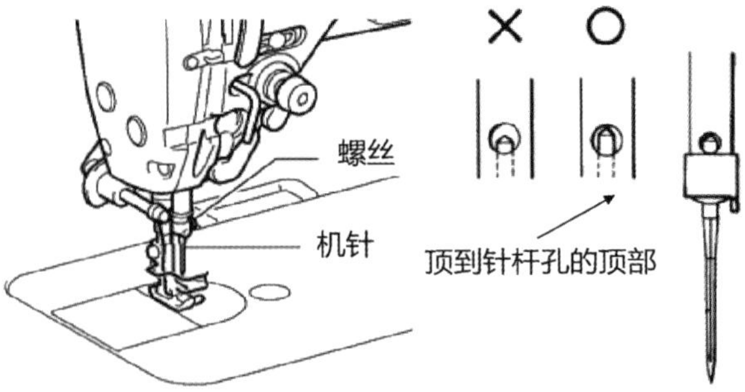

图5-1-6 装针位置示意图

看一看：装针

看一看：穿面线

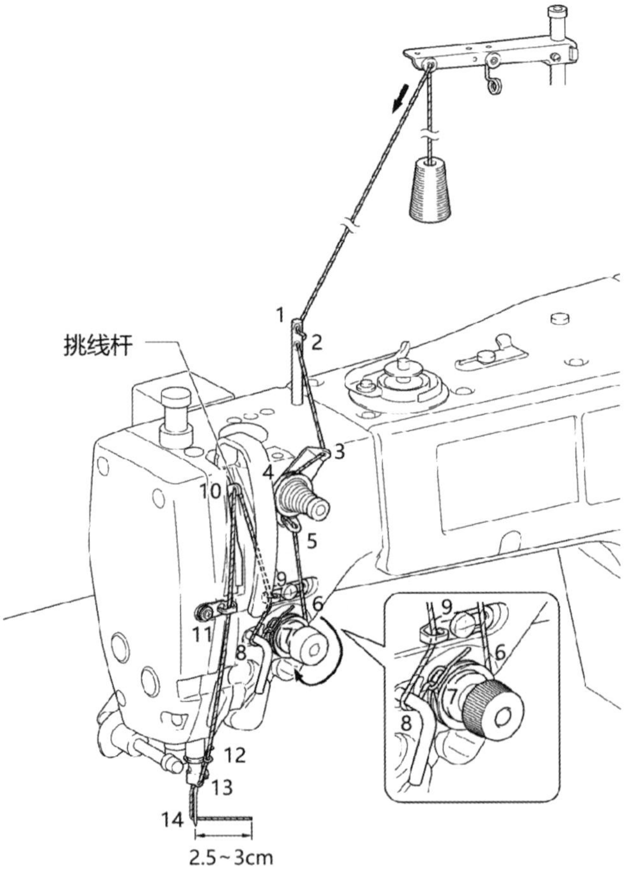

图5-1-7 穿面线示意图

3. 底线准备

（1）绕底线。底线是通过绕线装置（图5-1-8）绕在梭芯上的，具体操作方法如下所述。

• 操作方法：

①打开电源开关，抬起压脚。

②将梭芯装入卷线轴，按顺时针方向将线在梭芯上绕几圈。

③将梭芯压臂柄推向梭芯。

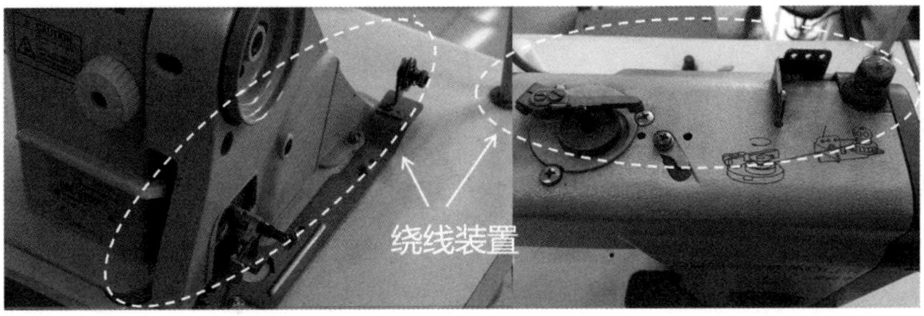

图5-1-8　绕线装置

④踏下脚踏板，即可开始绕底线。

⑤绕线完成后，取下梭芯，用切刀将线剪断（图5-1-9）。

• 注意：绕线过程中，不可用手或异物触及运动部件，避免人受伤和缝纫机损坏。梭芯线应排列整齐而紧密。绕线量为梭芯外径的80%，不能过满，否则容易散落。

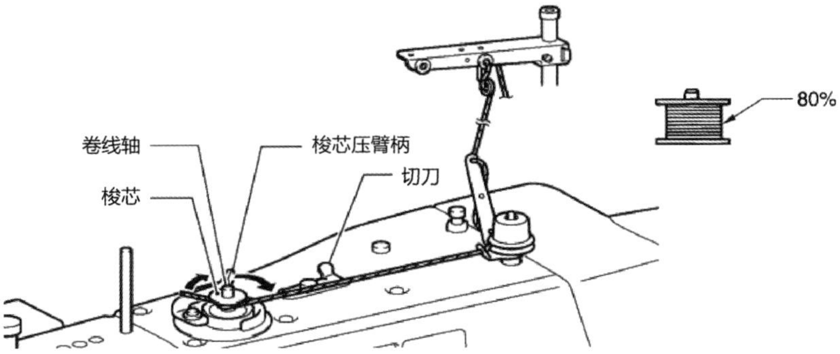

图5-1-9　绕线方法

（2）装底线。

• 操作方法：

①转动手轮将机针升起，直至其处于针板上方。

②握住梭芯以便向右卷绕底线，将梭芯插入梭芯套。

③将底线穿过线槽和夹线弹簧下方，然后从导线器中拉出，如图5-1-10所示。

④用手拿住插销，将梭芯套插入旋梭，如图5-1-11所示。

• 注意：梭芯梭壳组合完后，需拉起线头，测试底线的张力是否合适。一般来说，如果梭壳不会迅速下落，则说明底线张力合适。

图5-1-10　梭芯梭壳组合

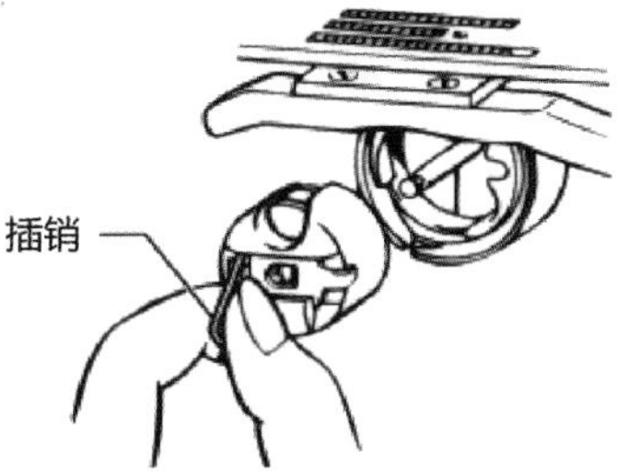

图5-1-11　装底线

看一看：绕底线、装底线

（3）引底线。

• 操作方法：如图5-1-12所示，引底线时，先将面线线头捏住，转动主动轮使针杆向下运动，再回升到最高位置，然后拉起捏住的面线线头，底线即被牵引上来。最后将底线和面线的线头一起置于压脚下前方。若没有成功将底线引出，可再转动上轮，使机针再下去上来一次。

如果还是没有引线成功，需要排查原因。一般可能的原因会有以下两点：一是底线留出的线段太短；二是梭芯梭壳安装不到位。

看一看：引底线

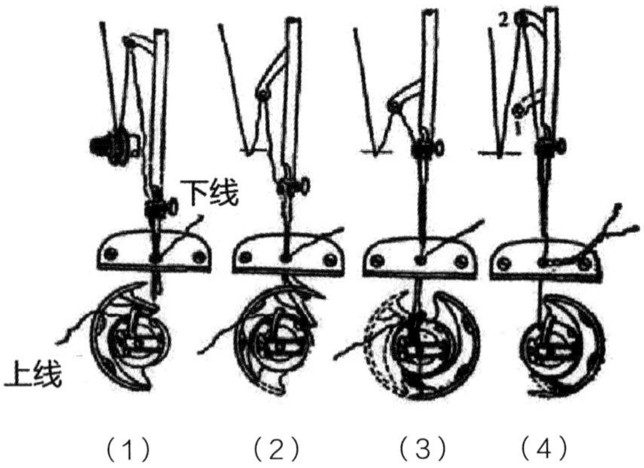

图5-1-12　引底线机制图

4. 压脚

（1）压脚压力调节。压脚为缝纫时的送料动作提供必要的压力，其压力大小可以通过机头上的压脚压力调节器来调整，顺时针拧螺帽，压力增大，如图5-1-13所示。压力大小需要根据缝料的特征而定，缝料厚重时则压力要大，缝料薄软时则压力要小。

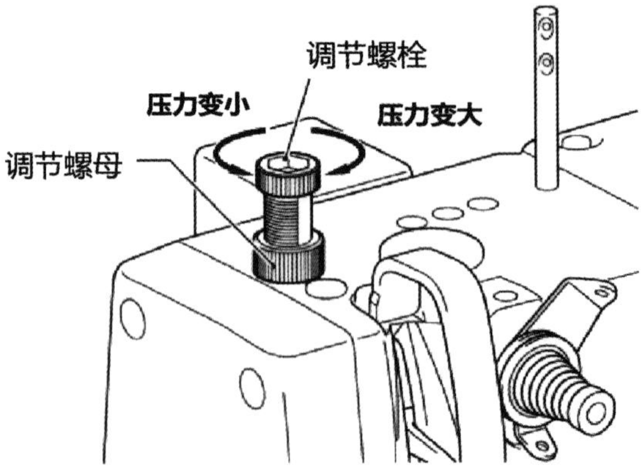

图5-1-13　压脚压力调节

（2）压脚控制。抬放压脚一般有以下两种方式：

①膝控压脚。身体坐正，坐凳不要太高或太低，右脚放在脚踏板上，右膝靠在膝控压脚的碰块上，推、放碰块即可抬放压脚，如图5-1-14所示。

②压紧杆扳手。上抬机头后方的压紧杆扳手即可抬起压脚，如图5-1-15所示。

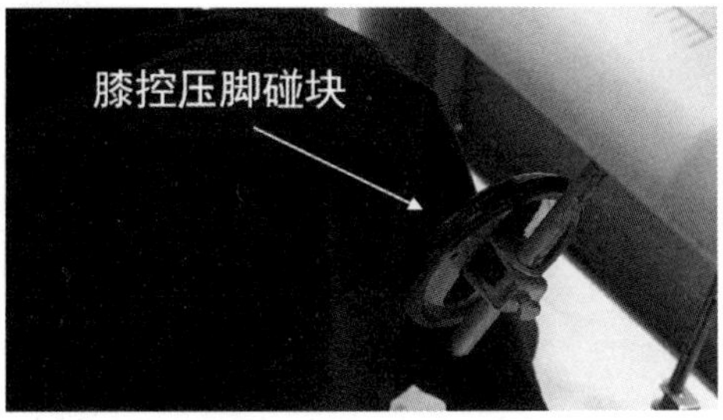

图5-1-14　膝控压脚

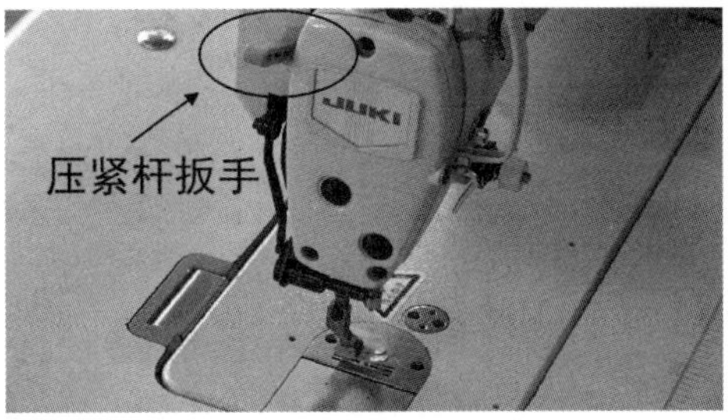

图5-1-15　压紧杆扳手

看一看：压脚控制

5. 针距调节

针距的长短可以转动针距调节器（图5-1-16）来控制。标盘上的数字表示针距长短尺寸，单位为mm。当标盘上的数字对准上方正中的小圆点时，该数字越大，针距越长；该数字越小，针距越短。近年一些先进的电子平缝机设有调节屏幕，针距大小需通过屏幕中的调节区进行调整，如图5-1-17所示。

针距的长短应根据缝制的面料和服装的款式进行设计。通常缝制薄料时，针距应稍密；缝制厚料时，针距宜稍疏，见图5-1-18。针距通常以3cm内的针数来表示，如表5-1-1所示为几种不同面料的常用针距，在使用时应根据实际情况进行调整。

图5-1-16　针距调节器

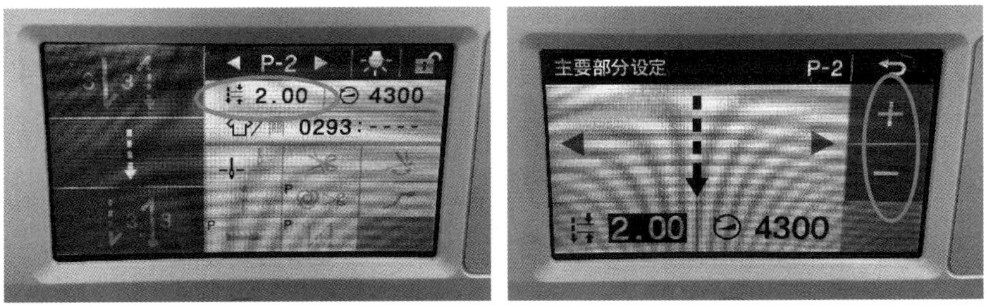

图5-1-17　兄弟S-7300A平缝机针距调节

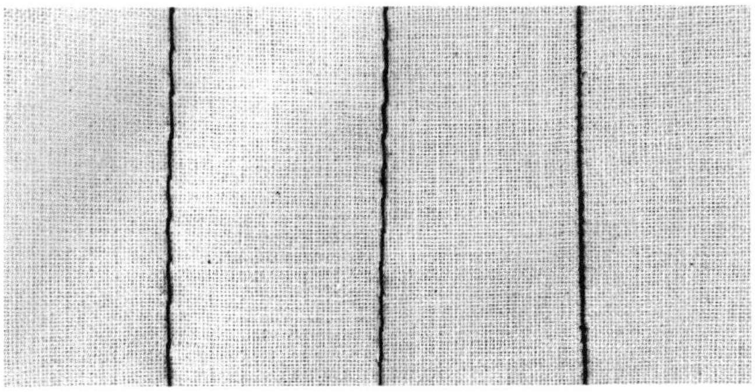

图5-1-18　针距不同长度效果

看一看：针距调节

表5-1-1　不同面料的常用针距

薄型面料	中厚型面料	厚型面料	中厚型牛仔布
15～16针/3cm	13～14针/3cm	11～12针/3cm	9～10针/3cm

6. 回针操作

回针又称倒缝针。回针主要有两个作用：一是防止缝线脱散。通常情况下，在缝合开始和结束时需回针，回针距离在0.6cm左右或倒回2~3针，以防止缝线脱散。二是加固作用。在口袋、裤襻等需要加固的部位可采用回针进行加固。

• 操作方法：将缝纫机右侧的倒缝操作杆（图5-1-19）向下揿压，即能倒送，手放松后倒缝操作杆自动复位，恢复顺向送料。除了倒缝操作杆外，机针附近有回针按钮（图5-1-20），按压该按钮即可倒送，松开按钮恢复顺向送料。

看一看：回针操作

图5-1-19　倒缝操作杆

图5-1-20　回针按钮

7. 缝线线迹调节

缝线的线迹会根据缝料的不同、缝线的粗细以及其他一些因素而变动。底线、面线需保持适当的张力，这是形成合格线迹的重要因素。因此，在正式缝制前，需要进行试缝，查看底线和面线的线迹情况，判断线迹是否合格，如图5-1-21所示。线张力调节一般先调底线，再调面线。

（1）底线张力调节方法。拉住从梭芯套中露出的线头，转动调节螺丝进行调节，直至梭芯套以自重慢慢垂落，如图5-1-22所示。

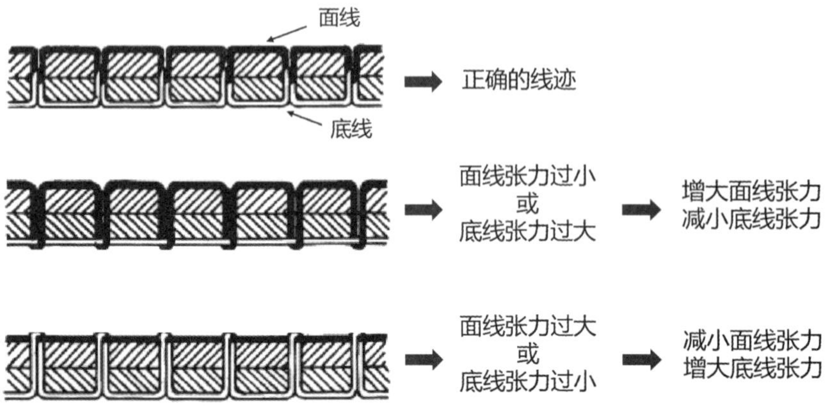

图5-1-21　底线和面线线迹情况

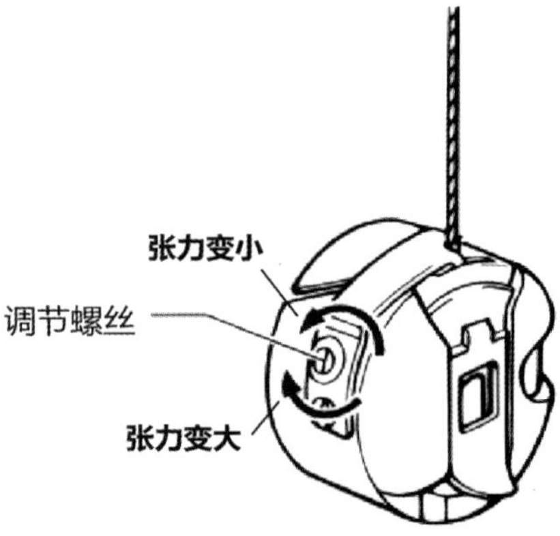

图5-1-22　底线张力调节

（2）面线张力调节方法。面线张力调节主要通过夹线器来实现。如图5-1-23所示，顺时针旋转夹线螺母加大张力，逆时针旋转则减小张力。

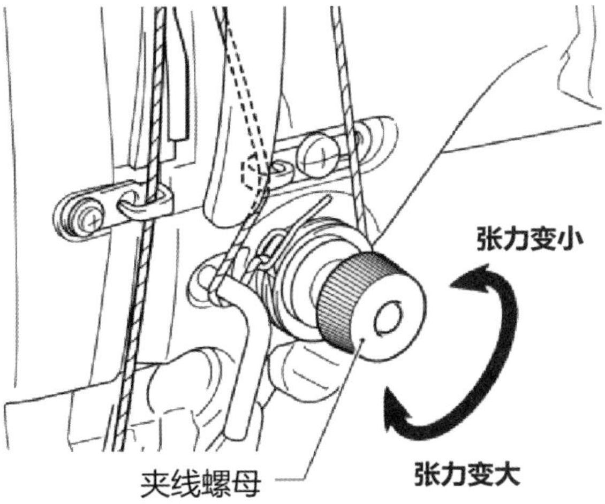

图5-1-23　面线张力调节

看一看：面底线张力调节

三、车缝基础训练

1. 空车训练

• 操作方法：

①打开电源开关，抬起缝纫机的压紧杆扳手，以免压脚与送布牙相互磨损。

②右脚踩动踏板，做起步、慢速、中速、停机练习；脚踏的力量越大，缝纫速度越快，反之缝纫速度越慢。

• 注意：启动时，缓慢用力，不要用力过大；停机时要迅速准确；练习以慢速、中速为主，直到熟练掌握。

看一看：空车训练

2. 缉线训练

（1）缉线参照。在送布牙旁的针板上标有数字及参照线，数字代表该参照线与机针的距离，如图5-1-24所示。另外，压脚也能提供参照，0.1cm参照位在压脚内侧，0.6cm参照位在压脚外侧，见图5-1-25。

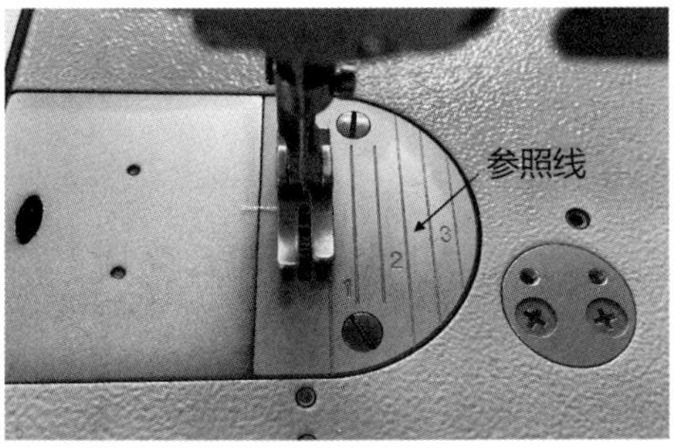

图5-1-24　针板参照线

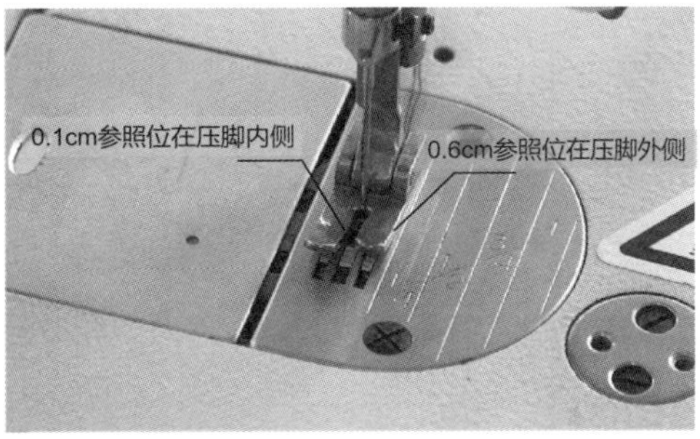

图5-1-25　压脚参照位

（2）缉线操作。

看一看：缉线训练

• 操作方法：将白坯布反面相叠，正面朝上，布边紧贴参照线，车缝过程中保证面料不偏移。

在衣片缝合无特殊要求的情况下，机缝时一般要保持上下松紧一致，下层衣片受到送布牙的直接推送作用走得较快，而上层受到压脚的阻力和送布间接推送较慢，衣片缝合后往往产生上层长、下层短，或缝合的衣缝有松紧皱缩现象（图5-1-26）。因此，左手向前稍推送上层，右手稍拉紧下层（图5-1-27）；缝位过小不宜用手拉紧，可借助小工具来控制松紧。

对于初学者来说，在还没有很好地掌握推送手势时，可以用珠针或大头针先固定上下两层面料，再车缝，如图5-1-28所示。

图5-1-26 缉线不良现象

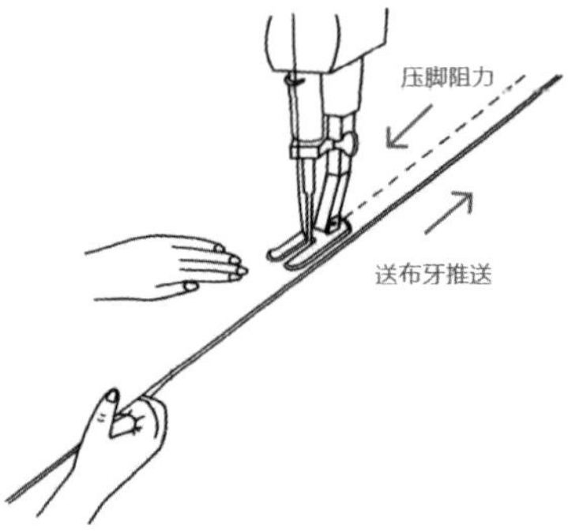

图5-1-27 推送正确手势

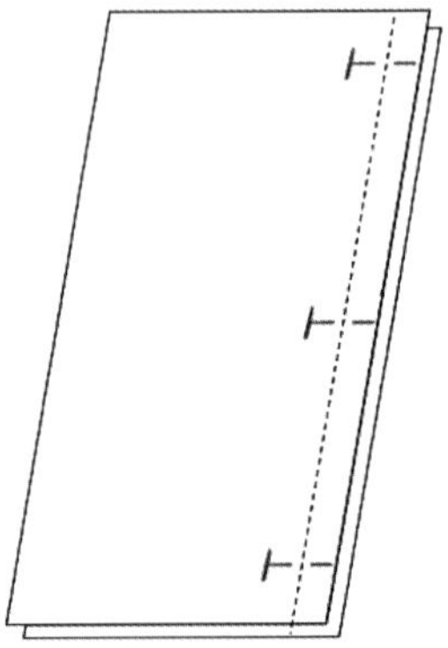

图5-1-28 面料珠针别合示意图

四、平缝机故障检修

平缝机常见故障及检修方法见表5-1-2。

表5-1-2 平缝机常见故障及检修方法

序号	现象	问题	检查	调整
1		面线不够紧密	面线张力是否过小，或底线张力是否过大	调节面线张力或底线张力
2		底线不够紧密	底线张力是否过小，或面线张力是否过大	调节底线张力或面线张力
3		布料下出现环结等不良线迹	梭芯是否旋转流畅	拉出底线检查机线张力是否松弛，更换梭芯或梭芯套

续表

序号	现象	问题	检查	调整
4		缝纫时出现跳针	机针安装是否正确	如果机针安装不正确，应正确加以安装
			缝纫机线穿引是否正确	如果穿引不正确，应正确穿引机线
			针尖是否弯曲 针尖是否钝化	如果针尖弯曲或断裂，应予以更换
			机针是否太细	更换大一号的机针
			压脚压力是否过小	调整压脚压力
5		线缝不平整	压脚压力是否过小	调整压脚压力
			梭芯是否有划痕	如果梭芯受损，用油磨石打磨光滑，或予以更换
			送布牙高度是否太低	调整送布牙高度
6		大量褶皱（张力过大）	面线张力是否过大	尽量减小面线张力
			底线张力是否过大	尽量减小底线张力
			针尖是否钝化	如果针尖钝化了，请予以更换
			机针是否过粗	尽可能更换细一些的机针
			缝纫速度是否过快	请逐渐放缓缝纫速度
7	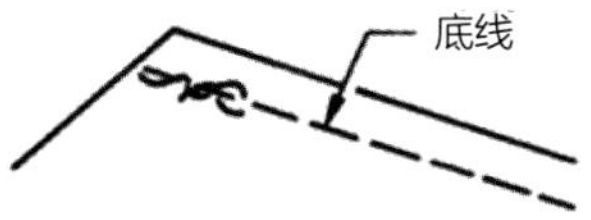	在缝纫开始时底线纠结缠绕	梭芯上卷绕的线量是否过多	梭芯卷绕量不应超过80%
			拉出底线时，梭芯旋转方向是否正确	安装梭芯，使其朝旋梭相反的方向旋转
			梭芯转动是否流畅	如果梭芯转动不流畅，应更换梭芯
8	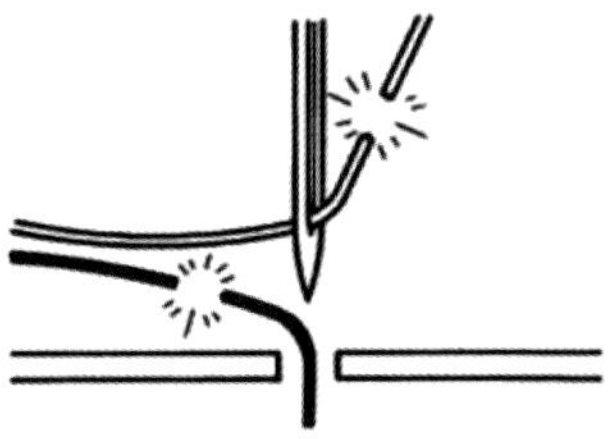	面线和底线断线	针尖是否弯曲 针尖是否钝化	如果针尖弯曲或断裂，应予以更换
			机针安装是否正确	如果机针安装不正确，应正确安装
			缝纫机线是否穿引正确	如果缝纫机线穿引不正确，应正确穿引
			面线或底线张力是否过小或过大	调整面线或底线张力
9		断针	缝纫过程中是否在送入或拉出面料时用力过度	请正确送布
			机针安装是否正确	如果机针安装不正确，应正确安装
			针尖是否弯曲	针尖是否断裂或针孔是否被堵住

五、缝纫专业术语

常用服装缝纫专业术语（表5-1-3）。

表5-1-3　常用服装缝纫专业术语

名词	解释	名词	解释
缉单止口	正面缉一道止口	缉双止口	正面缉两道止口
明线	在衣服表面能够看到的缝线迹称明线，在制作过程中称缉明线	暗线	在衣服表面看不到的、连接衣片的缝纫线迹
勾	制作领子、袋盖等部件时要在反面缉一道暗线，然后翻出正面，缉暗线的过程称勾	打倒针	在缉缝开始和终止时要来回缝几针，起加固的作用，又称倒回针
吃	缉缝时使衣片收缩起皱	赶	缉缝时使衣片拉开拉长
吃量	是指将某一个部位收缩一定的长度，又称缩缝量	反吐	领子、袋盖等勾暗线翻出面烫好之后，从正面看到领里或袋盖里
跳针	缝纫线迹出现不连贯的现象	浮线	缝纫线迹松散，浮在衣物表面的现象
戳毛	由于机针秃尖或针尖不光洁，将面料戳出毛刺的现象	线头	留在成品上的缝余线，应在整理时把它们全部清理干净
接线双轨	两条线相接时，接头处没有重叠在一起	起吊	该拔出的没拔出，丝绺没归正，缝合时松紧不一而引起的称起吊
窝势	某一部位里外均匀组合的润势，如领子角组合要有窝势	吃势	某一部位有一定的归吃，使其符合人体形状
里外匀	外层衣片比里层衣片均匀的长出或宽出一些，形成止口处里层衣片略缩紧的状态	起翘	里外匀的组合，产生里松外紧的现象

第二节　机缝基础缝型

衣服是由不同的缝型连接在一起的。由于服装款式不同以及适用范围不同，因此在缝制时，各种缝型的连接方法和缝份的宽度也不同。缝份的加放对于服装成品规格起着重要的作用，以下介绍几种常用的缝型。

一、平缝

平缝也称合缝，是最基本、简便的缝法，广泛用于上衣的肩缝、侧缝，袖子的内外缝，裤子的侧缝、下裆缝等部位。

• 操作方法：如图5-2-1所示，把两层缝料的正面相对，在反面缉线，缝型宽一般为0.8～1.2cm。如将缝份倒向一边，称为倒缝；把缝份分开烫称为分开缝。在缝制开始和结束时使用倒回针，以防止线头脱散，并注意上、下层布片应齐整、相等。车缝好后，将缝份倒向一边熨烫的称“倒缝”；缝份分开烫平的称“分开缝”。

• 要求：线迹顺直、缝份均匀，完成后布面平整，不吃不赶。

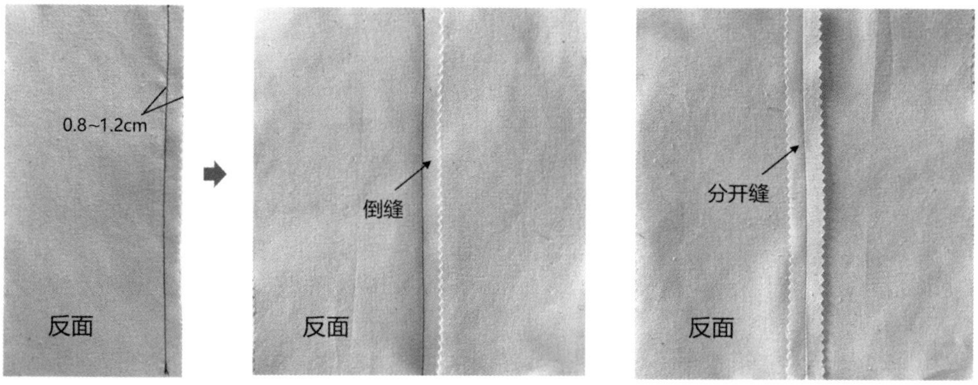

图5-2-1　平缝

看一看：平缝

二、分缉缝

分缉缝又称劈压缝，常用于领子、挂面的拼接。

• 操作方法：如图5-2-2所示，平缝之后的缝份劈开烫平，从正面沿缝口缉0.1cm明线，分别固定两边的缝份。

• 要求：线迹顺直，缝份均匀，明线对称，布面平整。

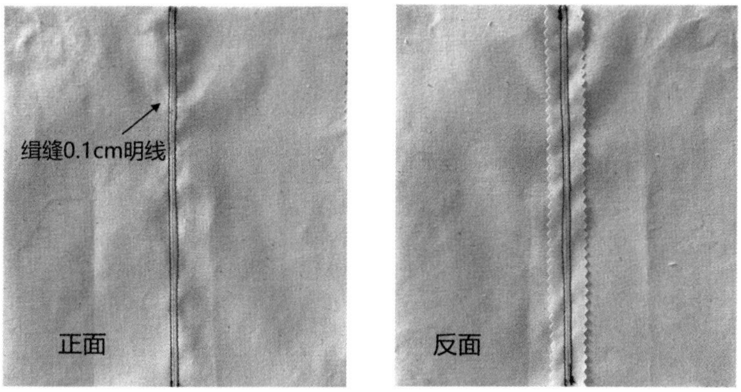

图5-2-2　分缉缝

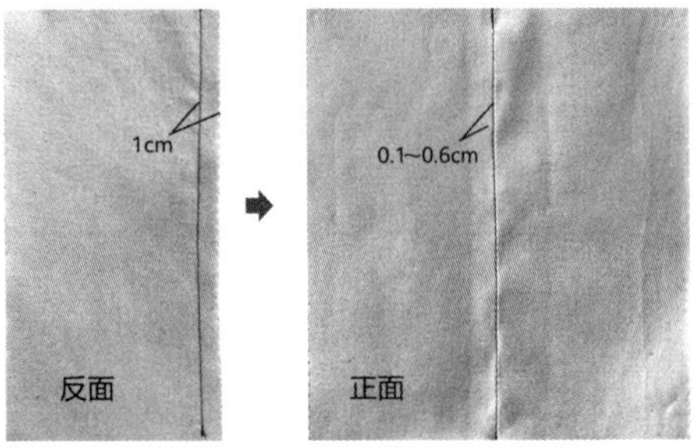

图5-2-3　坐缉缝

三、坐缉缝

坐缉缝又称固压缝，多用于休闲类服装，明线线迹同时具有装饰作用。

- 操作方法：平缝之后的缝份倒向一侧，从正面沿缝口缉0.1～0.6cm明线（图5-2-3）。
- 要求：线迹顺直，缝份均匀，明线对称，布面平整。

看一看：扣压缝

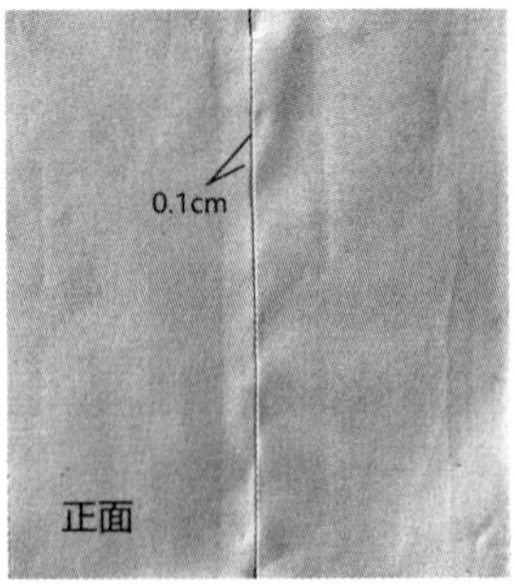

图5-2-4　扣压缝

四、扣压缝

扣压缝又称克缝、压缉缝，常用于男裤侧缝及衬衫的覆肩、贴袋等部位。

- 操作方法：先将缝料按规定的缝份扣烫平，再把它按规定位置组装，沿折转止口缉0.1cm明线（图5-2-4）。
- 要求：线迹整齐，止口均匀，位置准确，布面平整，折边不露毛边。

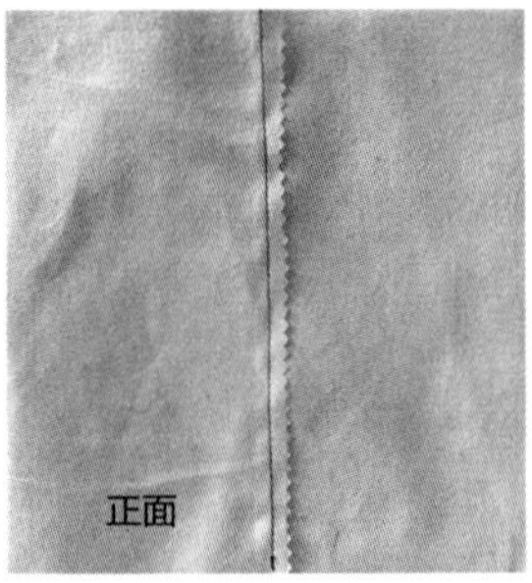

图5-2-5　搭接缝

五、搭接缝

搭接缝是将衣片与衣片相搭，拼接在一起的缝法，该缝型的缝份较薄，多在拼接衬布、内胆等时使用。

- 操作方法：如图5-2-5所示，将两裁片的缝份互相搭合后，沿重叠区域的中间缉一道线将其固定。
- 要求：线迹顺直，搭缝平服。

看一看：内包缝

六、内包缝

内包缝又称暗包缝。内包缝的特点是正面可见一根面线，反面两根底线。该缝型牢度高，常用于肩缝、侧缝、袖缝部位。

- 操作方法：如图5-2-6所示，将缝料的正面相对重叠，在反面按包缝宽度做成缝，沿裁片边缘缉缝；然后打开上层裁片，拉平缝口，正面缉线，缉线时注意正好缉在包缝的宽度边缘。包缝的宽窄是以正面的线迹宽度为依据的，有0.4cm、0.6m、0.8cm、1.2cm等。
- 要求：正面线迹顺直，缝口平服；反面缝份平整，无毛露。

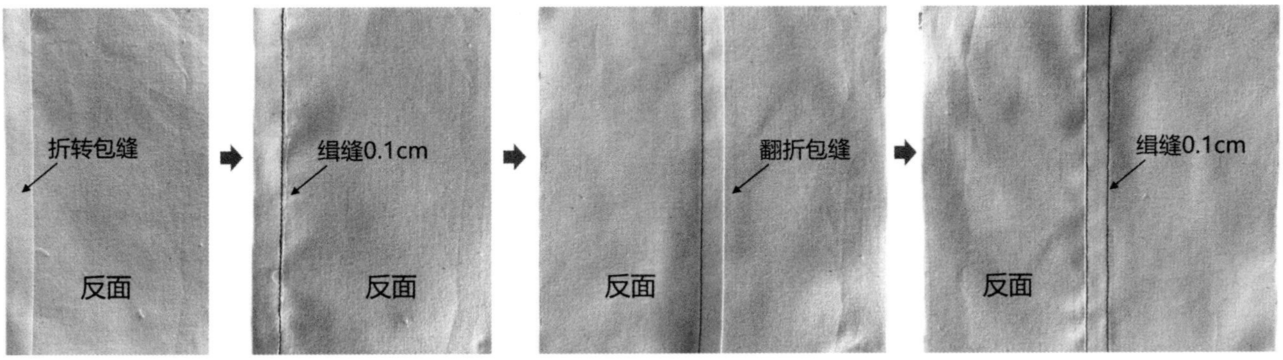

图5-2-6　内包缝缝制步骤

七、外包缝

外包缝又称明包缝，该缝型牢度高且美观，常用于男两用衫、风衣、大衣等服装。缝制方法与内包缝相同，其外观特点与内包缝相反，正面有两根线（一根面线，一根底线），反面一根底线（图5-2-7）。

- 操作方法：如图5-2-8所示，将缝料的反面与反面相对后，按包缝宽度做成包缝，沿边缘缉线；将下层裁片展开，正面向上摆平，缝份倒向一侧，距折边缉0.1cm明线。
- 要求：正面线迹顺直，缝口平服，无毛露；反面无坐势。

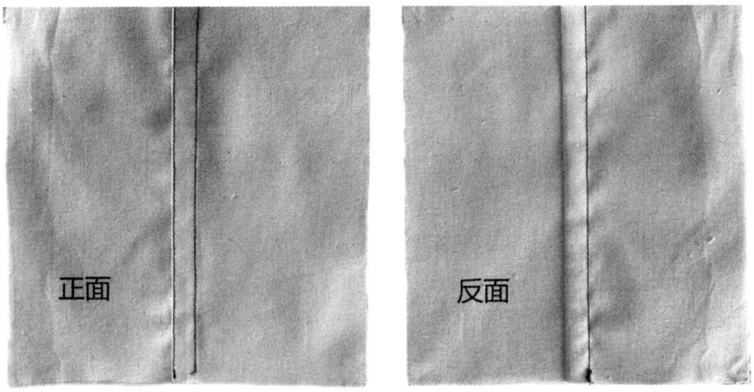

图5-2-7　外包缝

看一看：外包缝

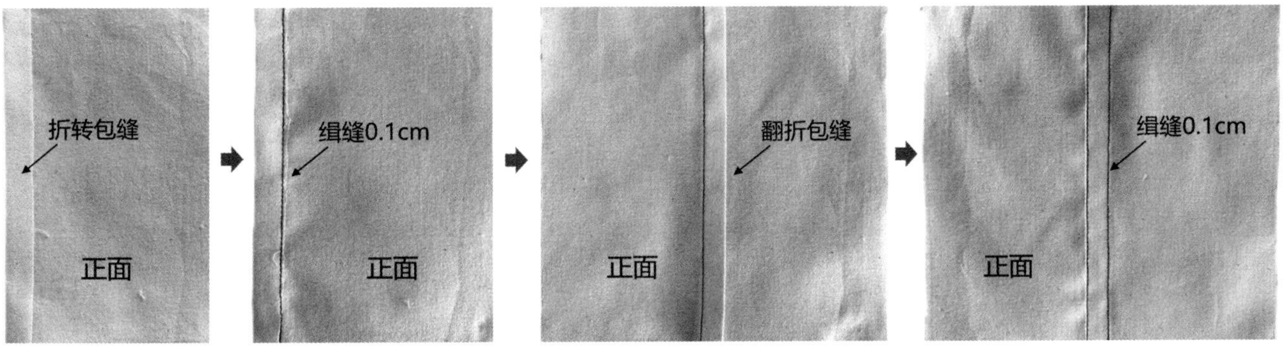

图5-2-8　外包缝缝制步骤

八、来去缝

来去缝是一种正面不见缉线的缝型（图5-2-9）。此缝型牢度高、光边、缝份窄，是缝制细薄面料的理想缝型。

• 操作方法：缝料反面与反面相对后，距边缘0.5cm缉明线，并将缝份修剪至0.3cm左右，再将两缝料正面相对后缉0.5cm的缝份，且第一次缝份的毛屑不能露出，如图5-2-10所示。

• 要求：缝份整齐、均匀，无绞皱、无毛露。

看一看：来去缝

图5-2-9 来去缝

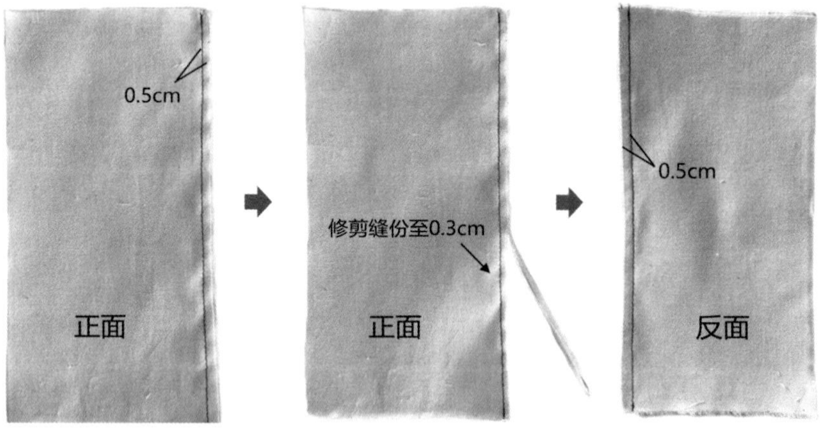

图5-2-10 来去缝缝制步骤

九、闷缝

闷缝是双层夹缝单层的缝型，常用于袖克夫、袖衩、腰头等部件的缝制。

• 操作方法：如图5-2-11所示，将一块缝料折烫成双层，下层比上层宽0.1cm，夹住另一裁片的缝份，沿折边正面缉0.1cm明线。

• 要求：线迹顺直，上下层保持松紧一致，平齐、无毛露。

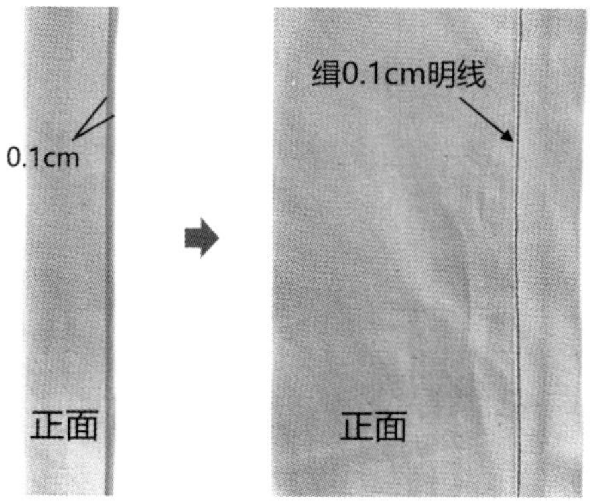

图5-2-11　闷缝缝制步骤

第三节　边缘处理方法

一、边缘处理工艺

1. 锁边

锁边又称拷边，是最常用的边缘处理方法，且操作简单，常见的有四线包缝、三线包缝、密拷等种类（图5-3-1）。主要是通过包缝机、密拷机将缝头进行拷边。

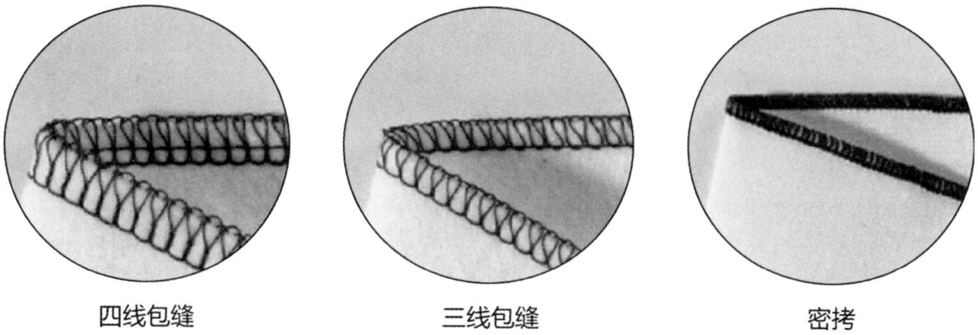

四线包缝　　三线包缝　　密拷

图5-3-1　常见锁边种类

看一看：三线包缝机介绍及锁边操作

2. 折边

折边也是一种比较简单的边缘处理方法。它是在包缝的基础上，根据需要的宽度折边，如图5-3-2所示。

- 操作方法：将缝头向反面折烫，并沿包缝边缘0.1～0.2cm处缉线，固定折边。

3. 卷边

卷边的用途比较广泛，各种简单的袖口、裤口、下摆都可以用这种边缘处理方法。

- 操作方法：如图5-3-3所示，先将缝料反面朝上，把毛边折烫0.5cm左右，再根

看一看：折边

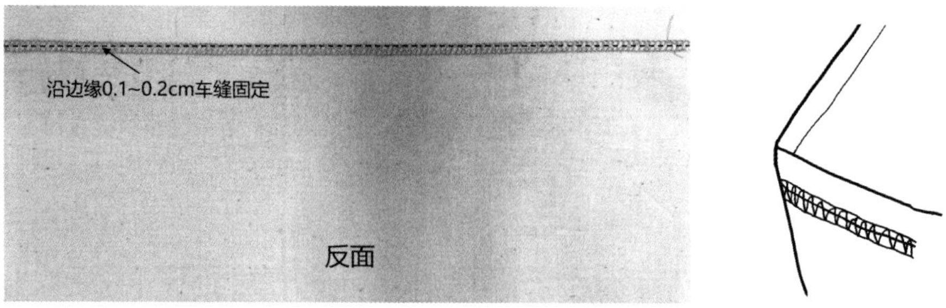

图5-3-2 折边

看一看：卷边

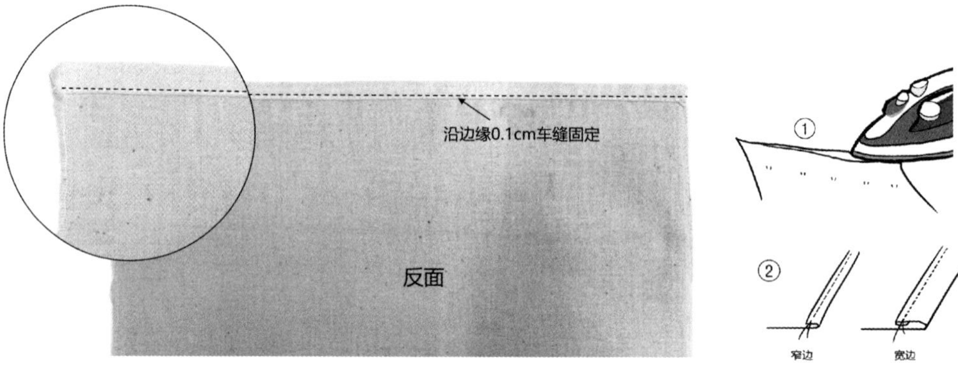

图5-3-3 卷边

据所需的宽度再次折烫，沿折边缉0.1cm明线。

注意，在缉明线时，必须一边推送上层面料，一边稍拉紧下层面料，保证线迹平服整齐。

4. 贴边

• 操作方法：裁剪5cm宽的贴边布条，将贴边条与面料面面相对，缝合0.5cm缝份；翻折贴边条至反面，将贴边条的另一边烫折0.5cm，与面料反面对齐，缉缝0.1cm明线，如图5-3-4所示。贴边的宽度可以根据实际需要调整。

看一看：贴边

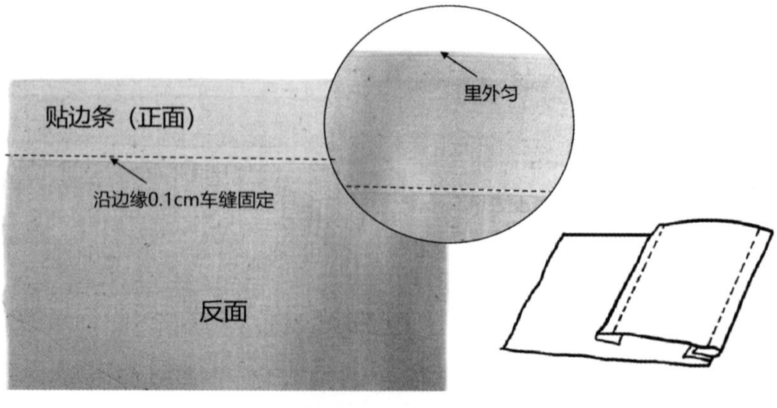

图5-3-4 贴边

二、边缘装饰工艺

滚、镶、嵌、宕是我国的传统缝制工艺，是女装、童装中常用的边缘装饰缝制工艺，用于中式便服、丝绸服装等。

1. 滚边

滚边工艺是用滚边布条将衣片毛边包光，以此来增加服装美观性的一种缝制工艺（图5-3-5）。滚边所选用的布料没有特定的要求，但多以薄的绸缎为主，最好选用极富弹性、柔软的丝绸面料，也可以根据服装面布的特点选用棉布、化纤等面料。

（1）滚边布条裁剪与制作。

• 操作方法：取正斜方向，使斜条与经纬向呈45° 进行裁剪；斜条宽度取2.5~3.5cm左右；将斜条的边端对齐，进行车缝拼接，然后将缝份分开烫平，剪去多余的量，如图5-3-6所示。

图5-3-5　滚边

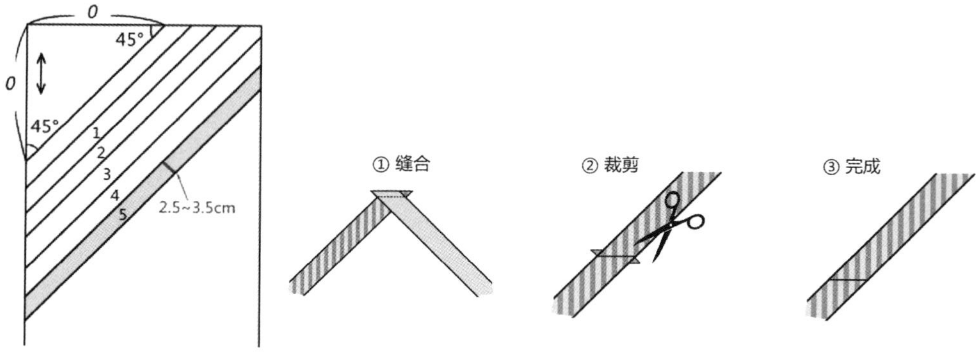

图5-3-6　滚边布条裁剪与制作

看一看：滚边布条制作

（2）滚边缝制。

• 操作方法：如图5-3-7所示，将滚边布条放在面料反面，与面料反面相对，缉0.5cm缝份。在车缝时稍稍用力带紧滚边布条。在面料正面将滚边布条的另一边折烫0.5cm，再将烫好的滚边布条翻折包住第一道缝线，沿滚边外缉缝0.1cm明线。

• 要求：滚边平服，宽窄一致，无起涟现象；线迹顺直，第一道缝线不外露；第二道明线与缝边平行。

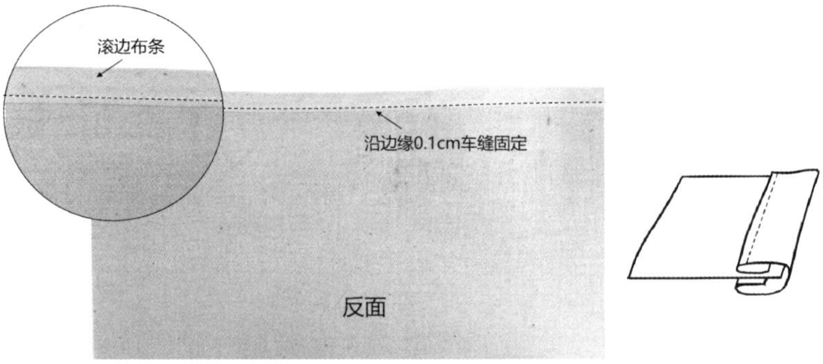

看一看：滚边缝制

图5-3-7　滚边缝制

2. 镶边

镶边工艺是用另一种面料拼接在服装的边缘，多采用具有装饰性的面料（图5-3-8）。此工艺常用于领口、袖口、门襟止口、领外口等部位，镶边宽度可根据款式的部位来确定。

• 操作方法：将镶边条直接扣压缝在衣片边缘，或通过闷缝与衣片连接，如图5-3-9所示。

3. 嵌线

嵌线工艺是在衣缝的边缘或拼接衣缝的中间嵌上一条带状的嵌条布，如图5-3-10所示。嵌条布的颜色一般与衣料颜色不同，形成对比，起到装饰作用，同时也有助于保持止口形状。

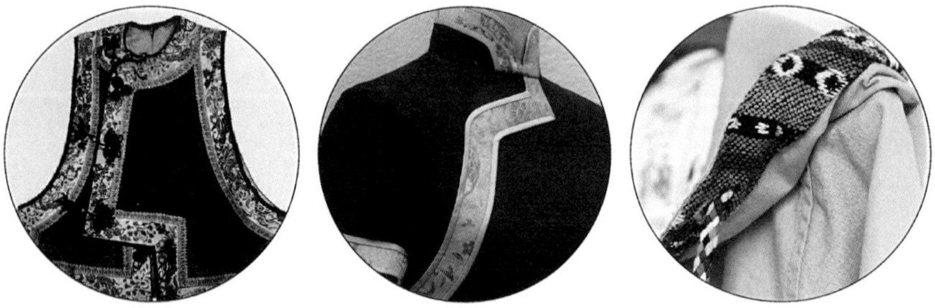

图5-3-8　镶边

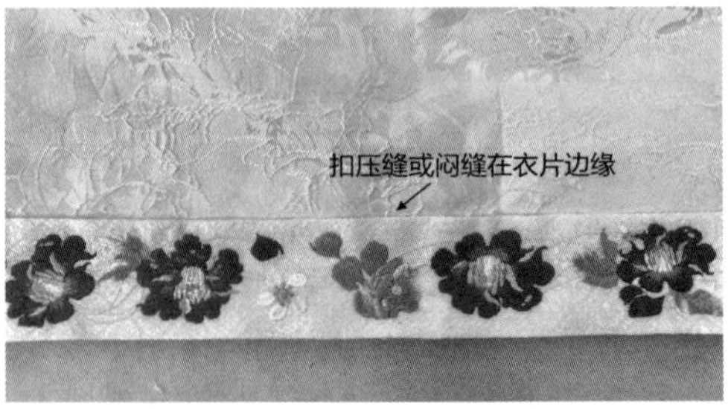

图5-3-9　镶边缝制方法

图5-3-10　嵌线

• 操作方法：如图5-3-11所示，将嵌条夹在两层裁片中间，缝制时需用单边压脚，嵌条中可夹入线绳，使之更有立体感。

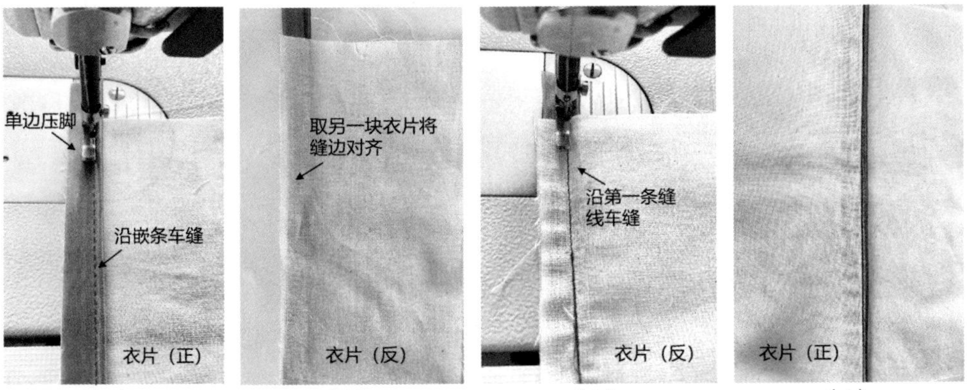

（1）　（2）　（3）　（4）

图5-3-11　嵌线缝制方法

4. 宕条

宕条是缝贴在衣片表面的装饰布条（图5-3-12），常有单宕、双宕、三宕，也有一滚一宕、一滚双宕等多种形式，其颜色一般为镶色，也可以同时使用多种颜色。此工艺常用于中式礼服旗袍上，部位和宽窄由服装款式设计而定。

• 操作方法：将宕条两侧毛边扣净，在衣片正面通过手缝暗缲将宕条固定在衣片上，如图5-3-13所示。

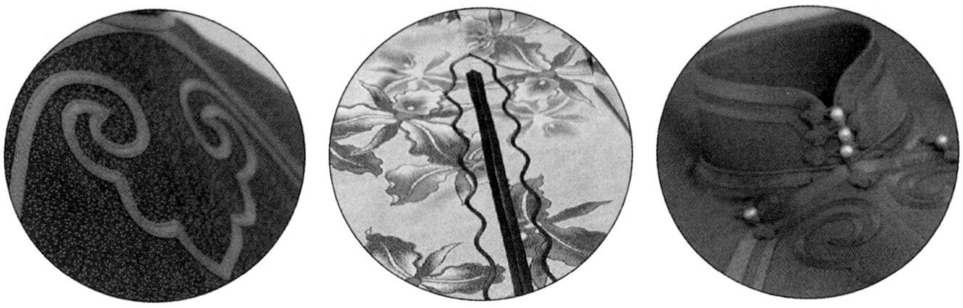

图5-3-12　宕条

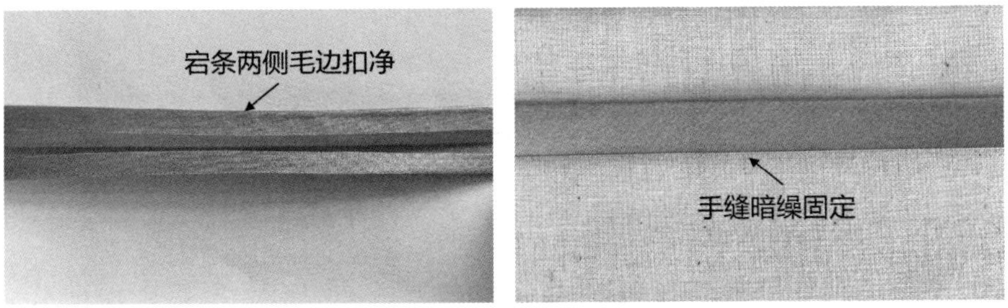

图5-3-13　宕条缝制方法

第四节 造型基础工艺

一、省道

省道是可以改变平面面料的一种非常结构化的方式，通过折叠和缝合的方法，起到消除面料浮余量、创造三维立体造型的作用。常见省道有三角省、菱形省、开花省。

1. 三角省

三角省是最常见的一种省道，一般有胸省、肩省，以及裙裤上的腰省。

• 操作方法：如图5-4-1所示，在面料反面画出省道线；将面料的正面对折，对准剪口。从省道一边的标记点插入大头针，再从另一边相对应的点穿出，以确保省道两边对齐；从省道边缘的剪口缝到省尖点，底面线打结固定。

烫省时，省道倒向一侧，用熨斗在反面压烫；然后将省尖处垫在布馒头上，熨斗做回旋压烫（图5-4-2）；通常，横向省道向上烫倒，纵向省道向中心线烫倒。

• 要求：省口牢固，省尖细而尖，线迹顺直。省尖处无泡形，正面无坐势，不露线迹。

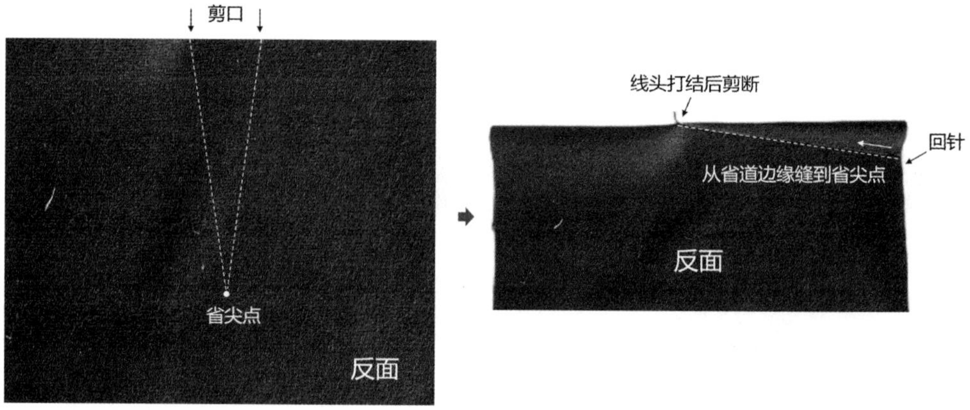

图5-4-1 三角省缝合

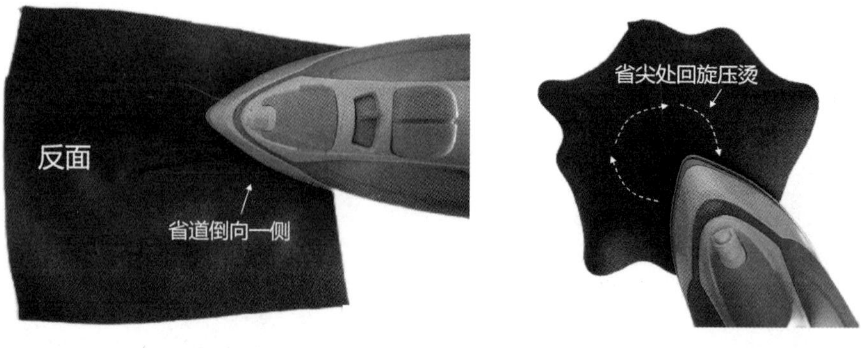

图5-4-2 三角省熨烫

2. 菱形省

菱形省又称曲线省或鱼尾省。对于较薄或者普通厚度的面料，缝制菱形省的方法与三角省相同。下面介绍对于较厚面料菱形省的缝制方法。

• 操作方法：

方法一：劈缝法。沿省中线折叠省道，沿省道线缝合（图5-4-3）；缝合后沿中线将省道剪开，剪至距离两端0.5cm处；并将省道分开熨烫平整（图5-4-4）。

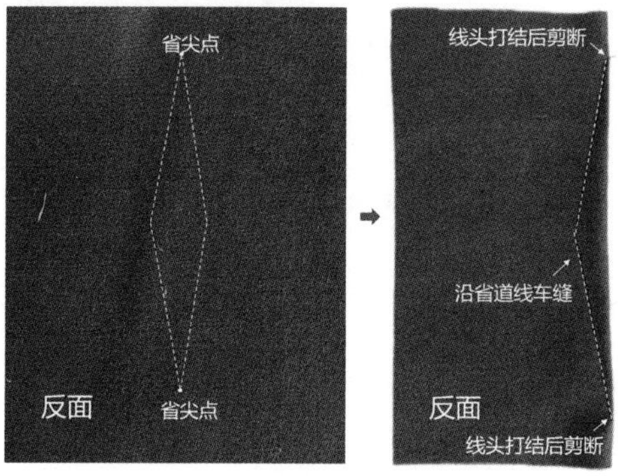

图5-4-3　菱形省缝合

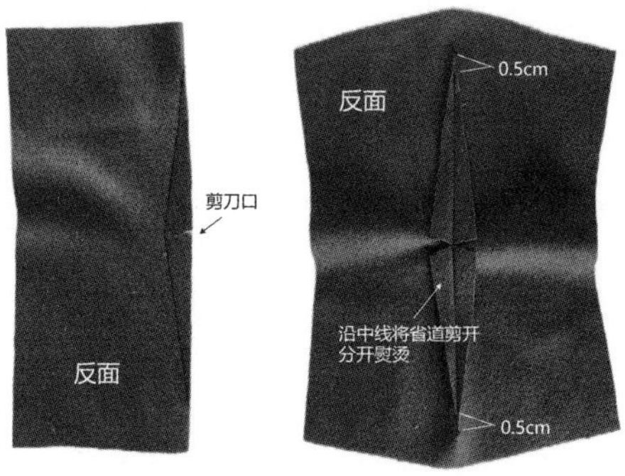

图5-4-4　菱形省裁剪、熨烫

方法二：垫布法。如图5-4-5所示，沿省中线折叠衣片，理顺省道；取垫布平铺在省缝下方，车缝省道。车缝后在省道最宽处打剪口，将省道与垫布分别向两侧烫倒；将两层垫布分别剪成省道的形状。

3. 开花省

开花省为一端或两端收平的省道，多用于女装、童装上衣，有一定的装饰作用。

• 操作方法：如图5-4-6所示，缝合省道中区，起落针要倒回针。将缝合的省缝倒向一侧烫实，正面呈现单向裥的效果。

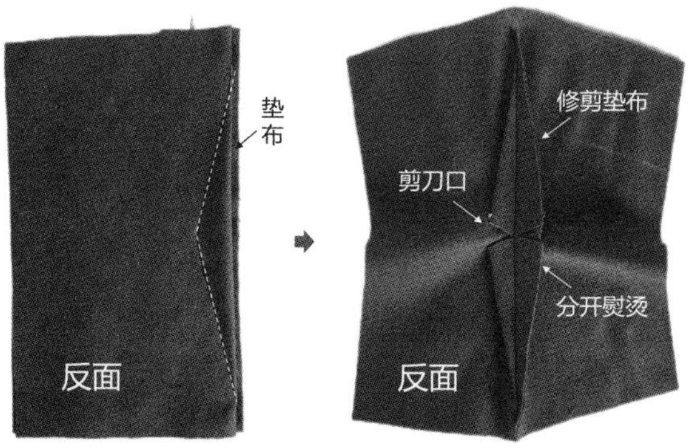

图5-4-5　菱形省垫布法

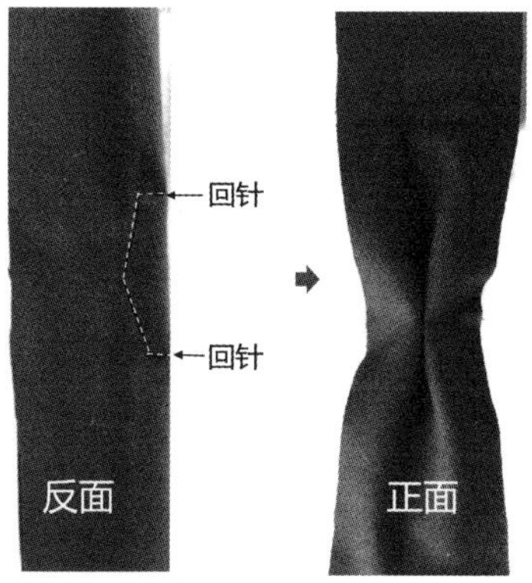

图5-4-6　开花省缝制

二、抽褶

抽褶也称碎褶，是处理面料浮余量的一种十分简单的方式，同时也具有很强的装饰性，常用于女装、童装中（图5-4-7）。

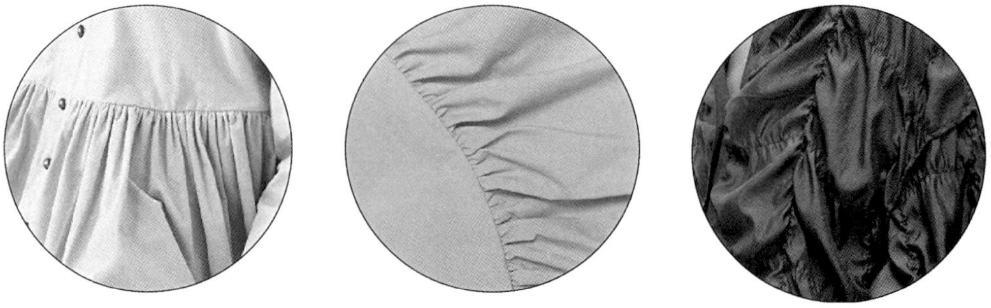

图5-4-7 抽褶

1. 手工抽褶

• 操作方法：如图5-4-8所示，距离边缘0.6cm处缝一排均匀连续的线迹；在距离第一排线迹0.6cm处缝第二排连续线迹，确保缝线和第一排一样，然后把针从线上取下来，轻轻地拉起两根线，慢慢把面料推向一边，做出抽褶，当抽到想要的长度后，将剩下的线打结系紧。

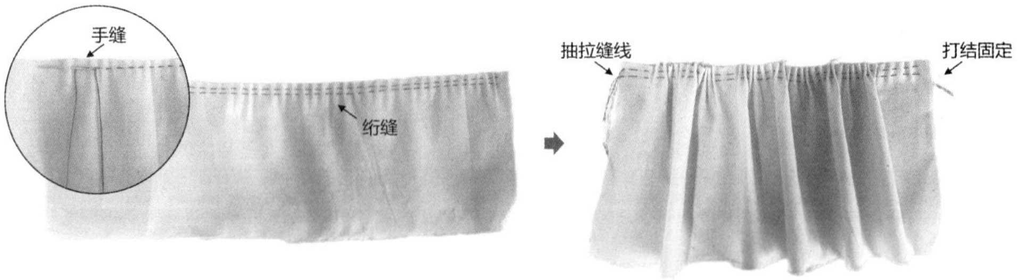

图5-4-8 手工抽褶

2. 机器抽褶

机器抽褶的原理和手工抽褶一样，但该方法能抽出更小、更均匀的褶。

• 操作方法：如图5-4-9所示，把针距长度调到最大，距离缝边0.6cm处车缝第一排线迹，线头和线尾均不打结；用相同的方式车缝第二排线迹。从两端挑出底线，轻轻地拉起两根底线，在面料上抽褶，抽褶到所需长度时，将线头打结。

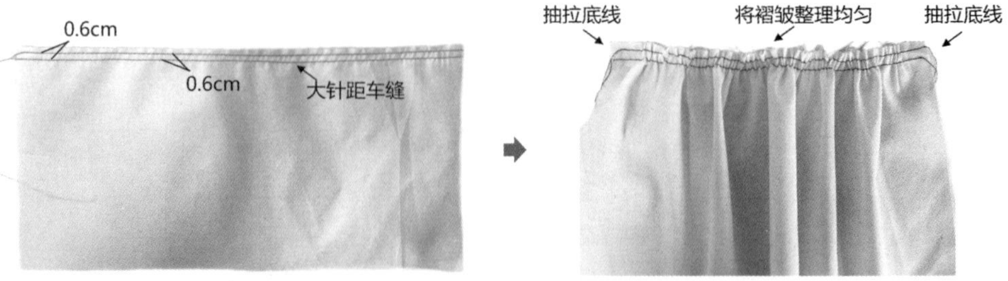

图5-4-9 机器抽褶

三、褶裥

褶裥是通过对布料进行一次或多次折叠而形成，可以增加服装的设计感和视觉效果，也可以用于调整衣物的合身性和舒适度（图5-4-10）。

图5-4-10 褶裥

1. 刀褶

刀褶是最常见的一种褶裥，褶裥都朝向同一方向，一般在面料的正面制作。

• 操作方法：根据褶裥标记折叠褶裥，可用珠针固定；再用熨斗熨烫褶裥，使其定型；折烫完所需的褶裥后，可在褶裥顶部车缝一道缝线固定褶裥（图5-4-11）。

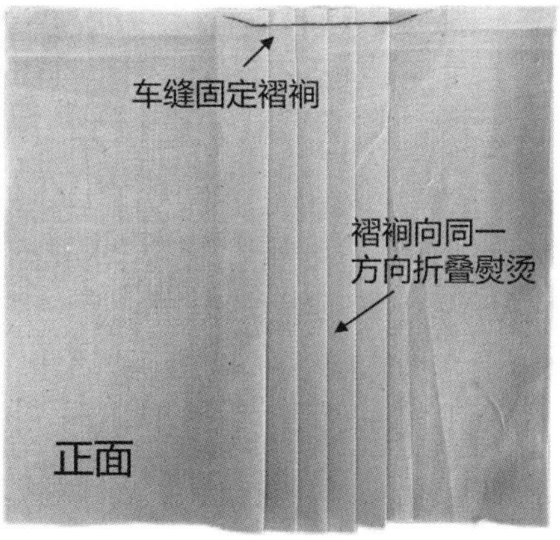

图5-4-11 刀褶

2. 箱型褶和倒箱型褶

箱型褶是一种背对背反方向折叠的褶裥，一般在面料的反面制作。倒箱型褶的褶裥方向与箱型褶相反（图5-4-12）。

• 操作方法：从面料的反面沿褶裥标记先折叠一侧的褶裥，并用珠针固定；再根据褶裥标记折叠另一侧的褶裥；用熨斗熨烫褶裥，并在顶部车缝固定褶裥。

倒箱型褶的操作方法与箱型褶相同，只是褶裥折叠的方向相反。

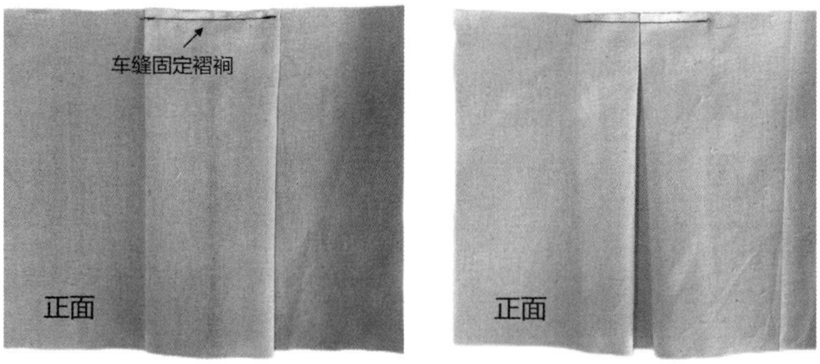

箱型褶　　　　倒箱型褶

图5-4-12　箱型褶和倒箱型褶

四、塔克

塔克也称装饰褶，是对衣物的一种装饰，可以非常突出和夸张，也可以非常细腻和精致（图5-4-13）。在布料的正面，一般顺着布料纹理，将间隔一致的褶裥缝合起来，就能制成塔克。

图5-4-13　塔克

• 操作方法：在布料的正面沿着塔克标记折叠布料，保持折痕平直；再紧贴折叠线依次车缝，直至完成所有折叠线；最后向同一个方向熨烫塔克。

1. 间条塔克（图5-4-14）

间条塔克的塔克之间有一段间隔，制作方法同褶裥一致。

2. 暗塔克（图5-4-15）

暗塔克的塔克之间距离很近，后一条塔克的折边覆盖前一条塔克的机缝线，完成后看不到缝线。

3. 活塔克（图5-4-16）

活塔克是只车缝一部分折痕的一种塔克，既能消除浮余量，又能把余下的面料释放出来。

图5-4-14　间条塔克

图5-4-15　暗塔克

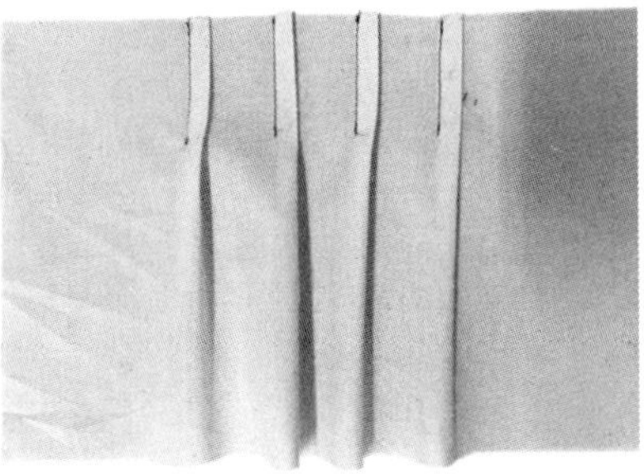

图5-4-16　活塔克

思考讨论

1. 车缝时如出现断线问题，可能是何种原因造成的？

2. 阐述5种常见的基础缝型名称及其缝制工艺。

3. 锁边需要用的设备是什么？并简要介绍它的操作方法。

4. 造型基础工艺有哪些？请结合设计，简述各类造型基础工艺的特点和适用部位。

实践练习

1. 正确使用平缝机，能轻松自如地把控它，尝试缉缝不同材质的面料，如棉布、丝绸、薄纱、灯芯绒、丝绒等，感受各种面料缝制方法的不同之处。

2. 根据缝制出现的问题现象，分析判断出现问题的原因及故障，并科学合理地进行故障排除。

3. 练习各类基础缝型、边缘处理方法、造型基础工艺的缝制技法。

思政训练

国家级非物质文化遗产“龙凤旗袍制作技艺”国家级传承人徐永良，三十多年来，不断挖掘整理传统中式服装和旗袍制作的精湛技艺，在保留“镶、嵌、滚、宕、镂、雕、盘、绣”八大工艺的同时，结合时代进行创新改良，推出“真丝高档绣花”系列等多个服饰系列，研制出三百余种花色盘扣，把这一旗袍配件发展到工艺美术品的地位。请学习并思考在当代文化背景下，传统服饰面临怎样的挑战和机遇？如何守正创新？工艺又如何传承？

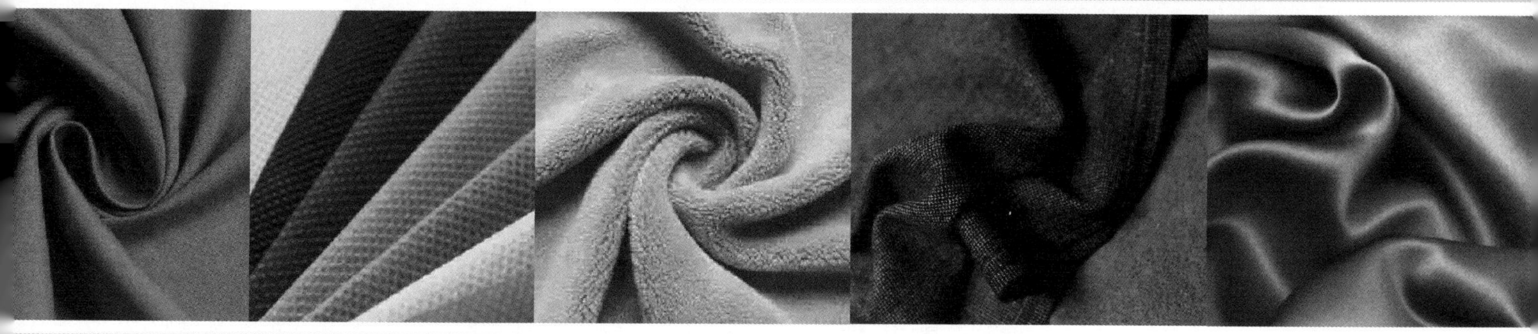

第六章

服装部件缝制工艺

本章学习目标

1. 了解并阐述服装部件的概念、分类、功能，以及在服装设计中的应用。
2. 掌握各类服装部件的缝制工艺流程和技法，按工艺质量要求缝制各类部件。
3. 根据设计要求合理选择和搭配部件，并制作实现设计款式的服装部件。

思政元素融入

通过本章内容的学习和实践训练，鼓励学生发挥设计创意，迁移知识、拓展应用，培养学生分析问题、解决问题的能力，提高动手实践能力；通过简述服装部件的历史演变和具有代表性的服饰案例，增强学生的文化自信，拓宽其国际视野。

第一节　口袋

口袋在服装中是非常重要的一个部件。口袋的形状和款式多样，它们不仅实用，也是增加服装细节和趣味的方式。

一、贴袋

贴袋是所有口袋里功能最多样的一种，可适应无限变化和应用，它们常用于裤子的后片、衬衫的胸袋、裙子的功能口袋等。

从工艺上看，贴袋是在衣片、裤片或裙片上贴缝一块袋布而成。它的式样变化很多，如图6-1-1所示，除了最基本的长方形、斜形之外，还有椭圆形、圆形、三角形等各种几何图形的贴袋；在贴袋上除可附有相应的袋盖外，还可做嵌线、褶裥等装饰。

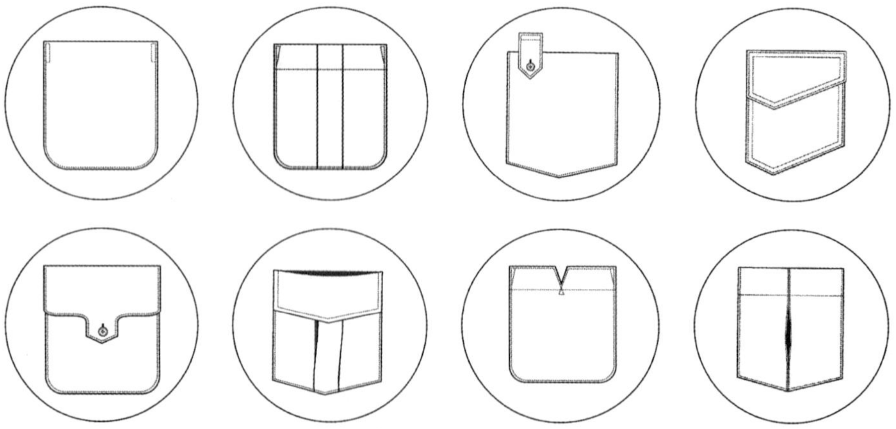

图6-1-1　贴袋款式图

1. 圆角贴袋

①袋布反面朝上，将袋口折进1cm，熨烫。

②再折进1.5cm，熨烫。

③按净样板扣烫口袋另三边，先烫圆角，再扣烫其余边。

④将袋布反面朝上，在烫好的袋口贴边处车缝0.1cm止口线（图6-1-2）。

⑤将袋布敷于衣身正面袋位处，用大头针固定，然后在袋布正面边缘车缝止口线，单止口线距离边缘为0.1cm，袋口封三角，如图6-1-3所示。

工艺质量要求：口袋整体平整、服帖；线迹顺直，一气呵成；圆角处圆顺，不起尖角；袋口处缝头不外露；袋口两端三角大小一致，对称。

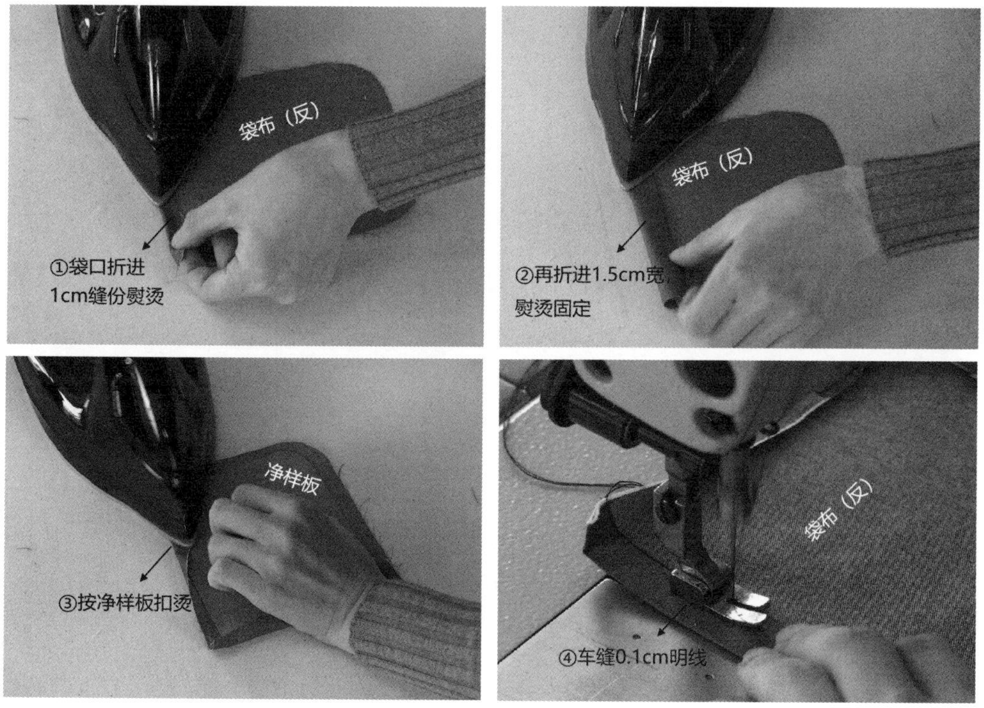

图6-1-2　圆角贴袋袋口处理

看一看：圆角贴袋缝制-扣烫袋布

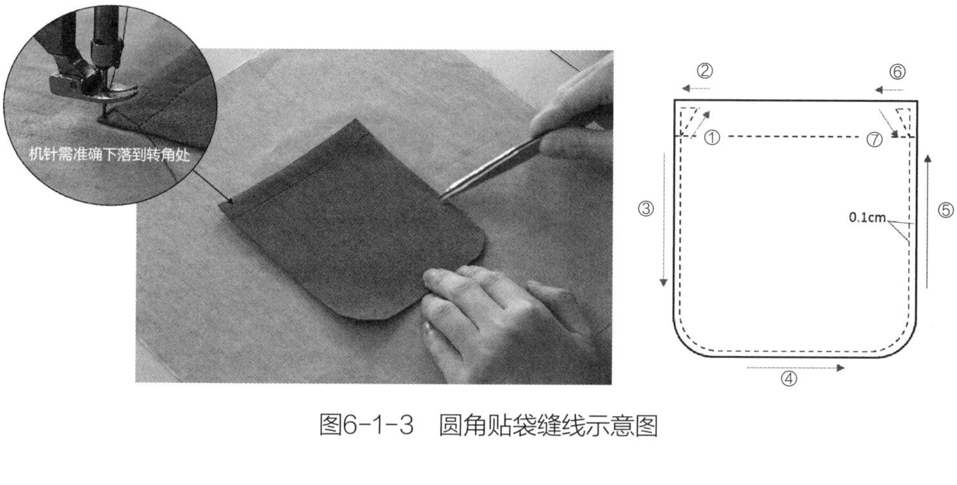

图6-1-3　圆角贴袋缝线示意图

看一看：圆角贴袋缝制-缉缝袋布

2. 尖角贴袋

①扣烫。先将袋口按净线把贴边折烫，再扣烫另外三边1cm的缝份。

②缉袋口线。沿袋口下边缘0.1cm车缝固定。

③袋布与衣片缝合。将袋布放置在衣片相应的位置上，可用大头针固定，再沿着口袋边缘缉0.1cm明线，双止口线为0.1～0.6cm，如图6-1-4所示。

工艺质量要求：口袋整体平整、服帖；线迹顺直，双明线平行，间距一致；明线转角落针位置准确，尖角到位；袋口处缝头不外露。

看一看：尖角贴袋缝制

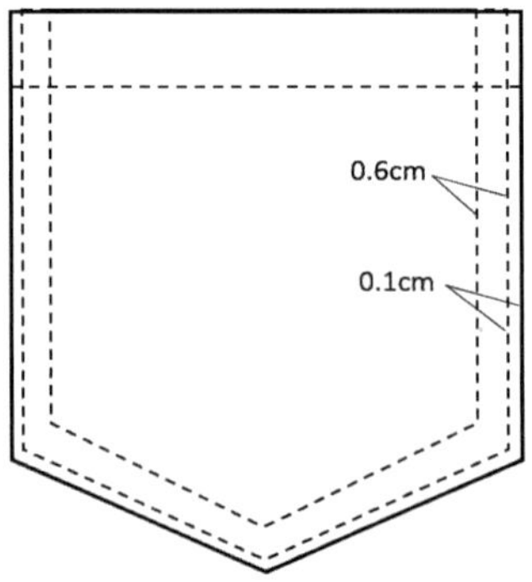

图6-1-4 尖角贴袋缝线示意图

3. 袋盖贴袋

（1）做袋盖。

①在袋盖的面布上熨烫无纺黏合衬（图6-1-5）。

②将袋盖的面布与里布面面相对，在反面沿三边缝合，缝份为1cm。

③车缝后需修剪缝头，在转角处剪三角，其余三边缝头修剪成0.3cm左右，如图6-1-6所示。

④再将袋盖翻至正面，熨烫平整。

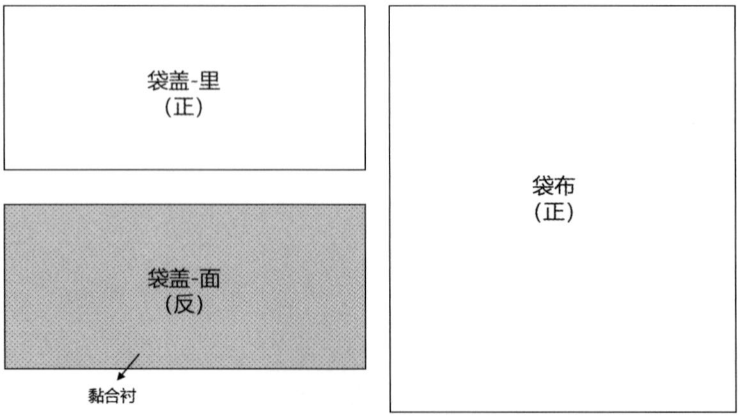

图6-1-5 裁片准备

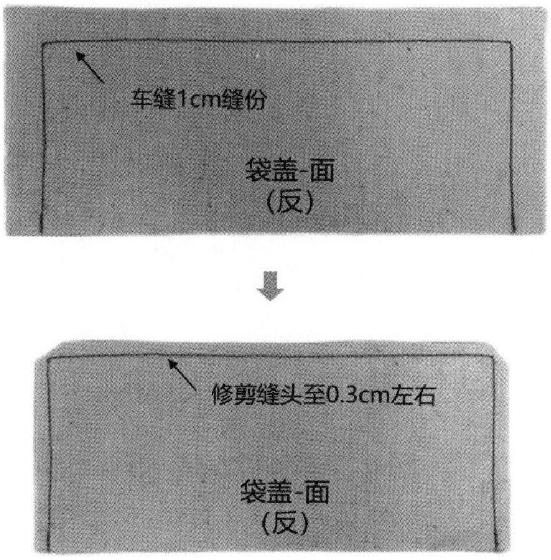

图6-1-6 袋盖缝制

看一看：袋盖贴袋缝制
-做袋盖

看一看：袋盖贴袋缝制
-扣烫袋布

（2）装袋布。

①首先折烫袋口，先折烫1cm宽边，再折烫1.5cm宽边。

②按净样板扣烫其余三边。

③熨烫后，在袋布反面沿袋口折边车缝0.1cm明线固定袋口（图6-1-7）。

④将袋布放置在袋位上，用搭缝方式沿边缘车缝0.1cm明线，缝合袋布与衣片（图6-1-8）。

看一看：袋盖贴袋缝制
- 车缝袋布

（3）装袋盖（图6-1-9）。

①将袋盖放置于距离袋口1cm处，沿翻折线车缝固定袋盖。

②将袋盖边缘修剪成0.3cm缝份。

③下翻袋盖，熨烫平整，再沿袋盖上边缘0.5cm处车缝明线。

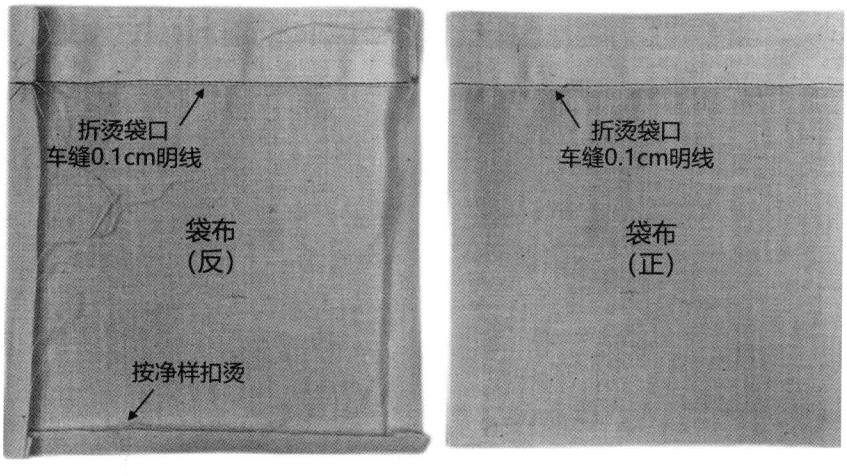

图6-1-7 袋口缝合

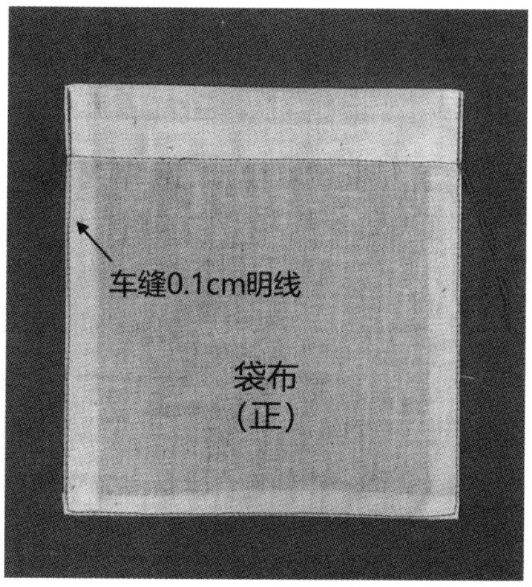

图6-1-8 袋布缝合

看一看：袋盖贴袋缝制-装袋盖

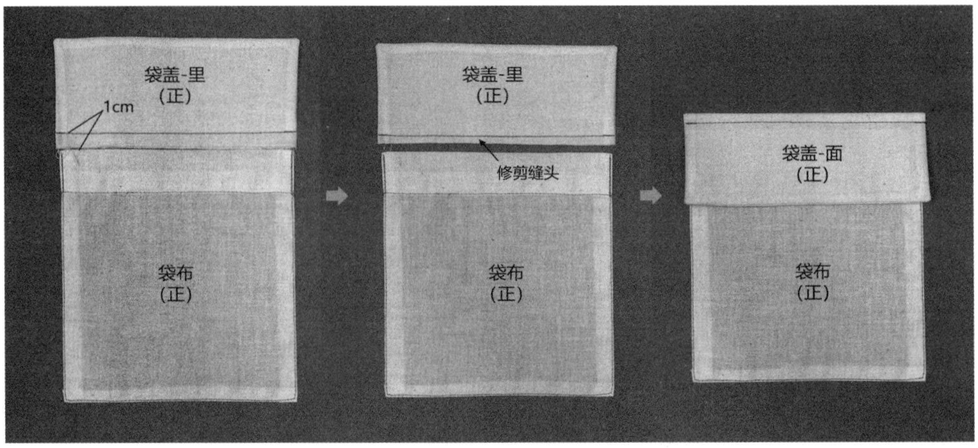

图6-1-9 装袋盖

看一看：褶裥贴袋缝制-做褶裥

看一看：褶裥贴袋缝制-扣烫袋布

看一看：褶裥贴袋缝制-车缝袋布

4. 褶裥贴袋（图6-1-10）

①沿褶裥线折叠车缝褶裥，共3条褶裥。

②折烫袋口，先折烫1cm宽边，再折烫1.5cm宽边。

③按净样板扣烫袋布三边。

④在袋布反面沿袋口折边车缝0.1cm明线固定袋口。

⑤将袋布放置在袋位上，用搭缝方式沿边缘车缝0.1cm明线，缝合袋布与衣片。

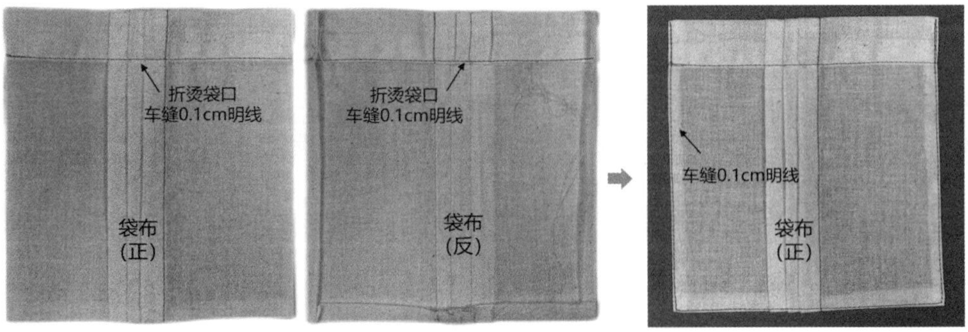

图6-1-10 褶裥贴袋缝制过程

看一看：立体贴袋缝制-折烫袋布

看一看：立体贴袋缝制-做侧边条

5. 立体贴袋

①将袋口先折烫1cm宽边，再折烫1.5cm宽边，并车缝固定袋口。

②按袋布净样板扣烫其余三边。

③按侧边条净样板扣烫侧边条，做对位标记，如图6-1-11所示。

④将侧边条两端分别修剪1cm缝份。

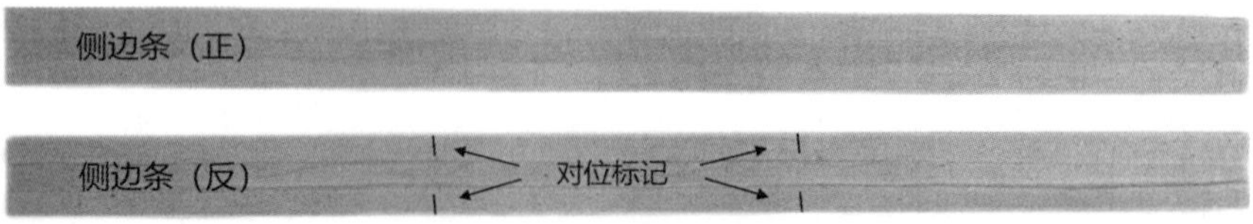

图6-1-11 侧边条折烫

⑤将侧边条从袋口往下1cm处开始与袋布三边缝合，沿烫折线车缝；缝制转角时，在侧边条打剪口，以保证侧边条平服，如图6-1-12所示。

⑥车缝后翻折熨烫侧边条。

⑦在袋布正面车缝0.1cm明线，如图6-1-13所示。

⑧侧缝条与衣片缝合，在正面沿侧缝条边缘车缝0.1cm明线［图6-1-14（1）］。

⑨封袋口，沿袋口边缘车缝0.1cm［图6-1-14（2）］。

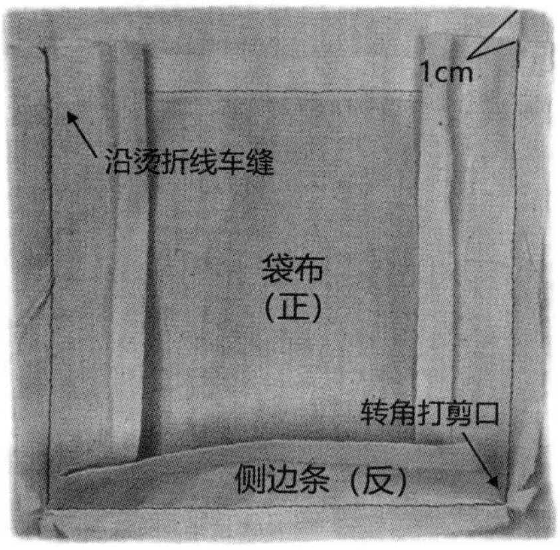

图6-1-12　袋布与侧边条缝合

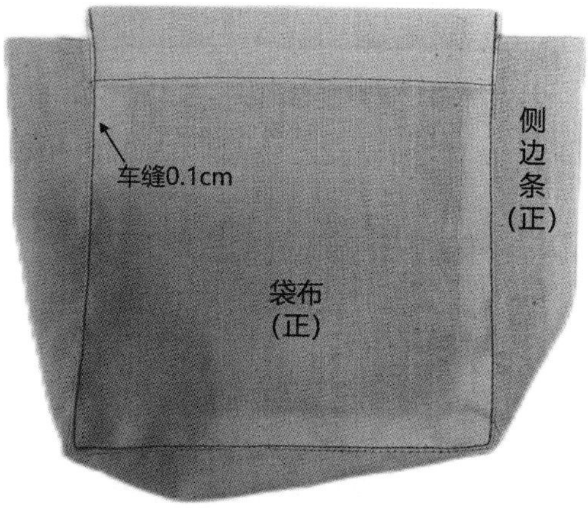

图6-1-13　袋布边缘缉缝明线

看一看：立体贴袋缝制-缝合袋布与侧边条

看一看：立体贴袋缝制-缉缝明线

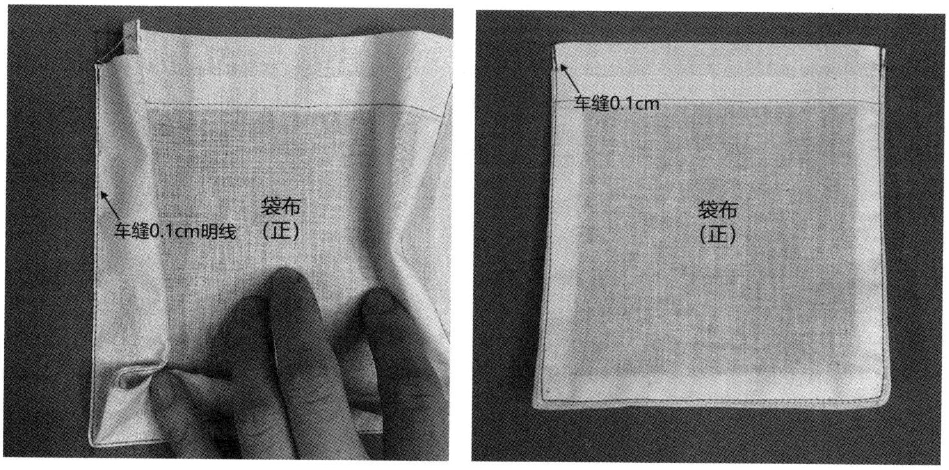

（1）　（2）

图6-1-14　立体贴袋缝制

看一看：立体贴袋缝制-装袋布

二、挖袋

挖袋，就是在完整衣片的袋口位置将衣片剪开，内衬双层袋布缝制而成。它的式样有单嵌线、双嵌线，可以附有各种式样的袋盖和箱形挖袋，如图6-1-15所示。

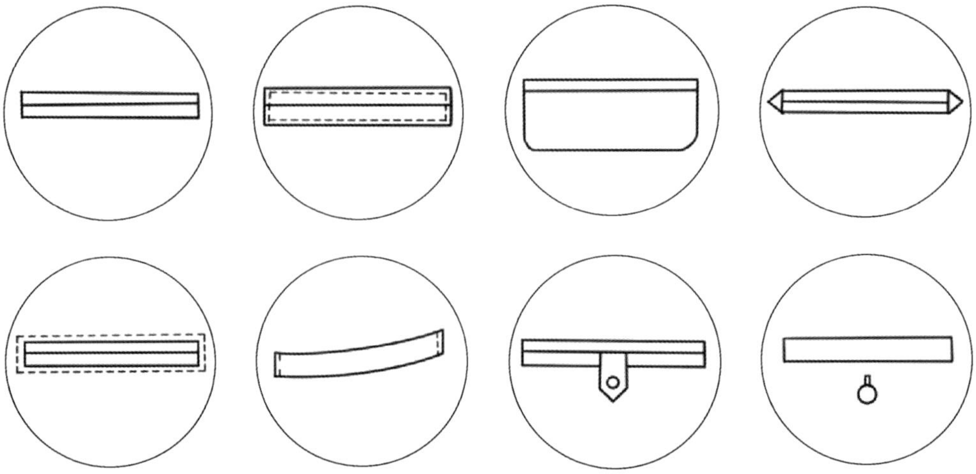

图6-1-15　挖袋款式图

1. 单嵌线挖袋

①画袋位。用划粉在衣片的正面画出挖袋的位置。

②烫黏合衬。将嵌线布与嵌线布衬黏合，在衣片的袋口位置反面粘上袋口衬，以防布丝脱散，如图6-1-16所示。

③缉缝袋垫布。将袋垫布一边向反面折烫1cm，采用扣压缝将袋垫布与袋布缝合，即在袋垫布折烫边上缉缝0.1cm明线，如图6-1-17所示。

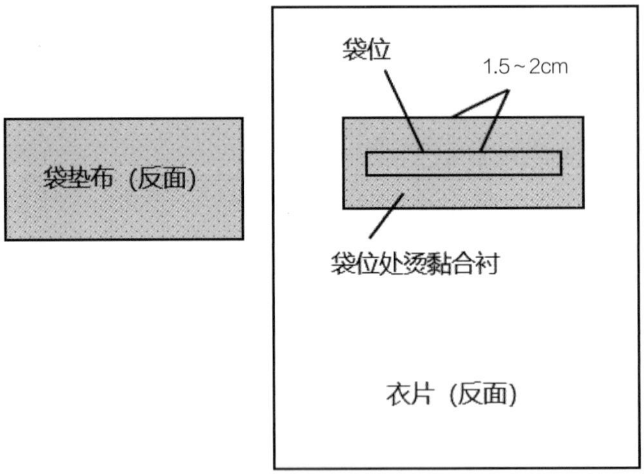

图6-1-16　黏合衬位置示意图

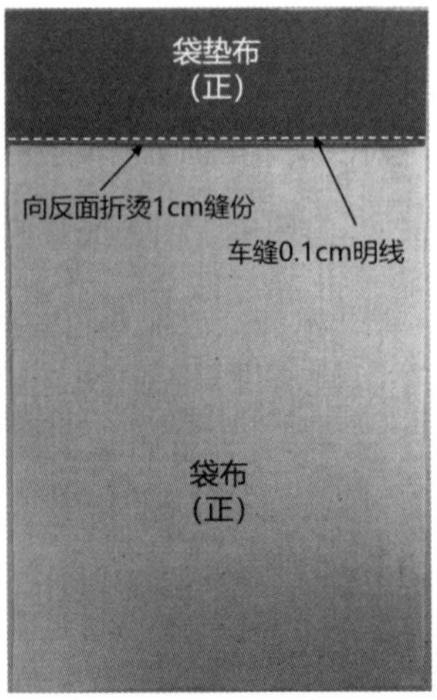

图6-1-17　缉缝袋垫布

看一看：单嵌线挖袋缝制-画袋位、烫黏合衬、缉缝袋垫布

④缉缝嵌线布、袋垫布。先分别在嵌线布和袋垫布的反面画出距离边缘0.5cm的两条直线，起止点距离为袋口长，起止点的位置与袋口位一致（图6-1-18）。然后，将嵌线布与衣片正面相对，沿画线缉在面料袋位下边，把袋垫布与衣片正面相对缉在袋位上边，车缝距离与开线布上的车缝距离相等，两道车缝线垂直距离为袋口宽1cm（图6-1-19）。

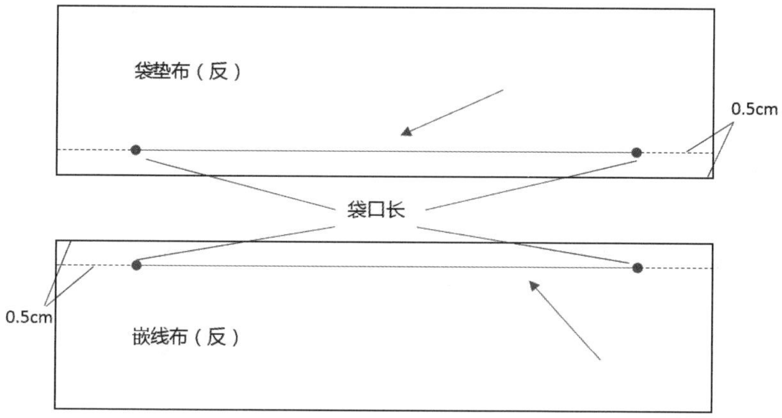

图6-1-18　袋垫布与嵌线布画线示意图

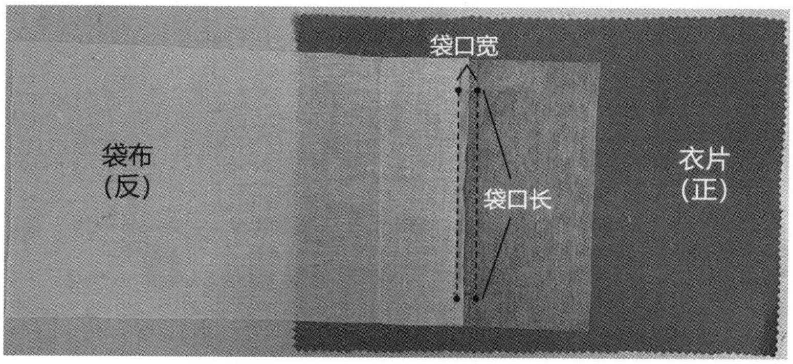

图6-1-19　缉缝嵌线布、袋垫布

看一看：单嵌线挖袋缝制-缉缝嵌线布、袋垫布

⑤剪袋口。沿衣片袋口线剪开，离开袋角约1cm时分别向两端剪三角，如图6-1-20所示，呈“Y”形，离开袋角1～2根纱，不可剪过头，也不可剪不到位，注意四角方正、不毛。

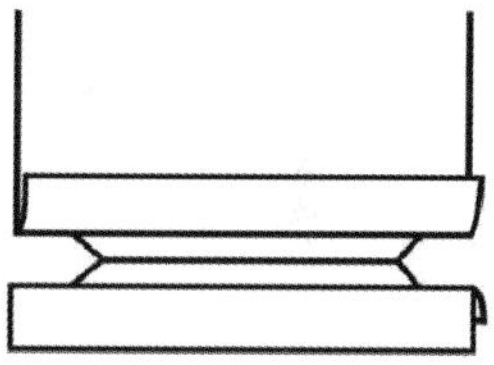
图6-1-20　“Y”形剪口示意图

⑥翻折、熨烫。将嵌线布、袋布翻至衣身反面，熨烫袋口嵌条，袋口两端宽窄要一致（图6-1-21）。

⑦固定嵌条。如图6-1-21所示，距离下边缘0.1cm处车缝一道线。

看一看：单嵌线挖袋缝制-剪袋口

看一看：单嵌线挖袋缝制-固定嵌条

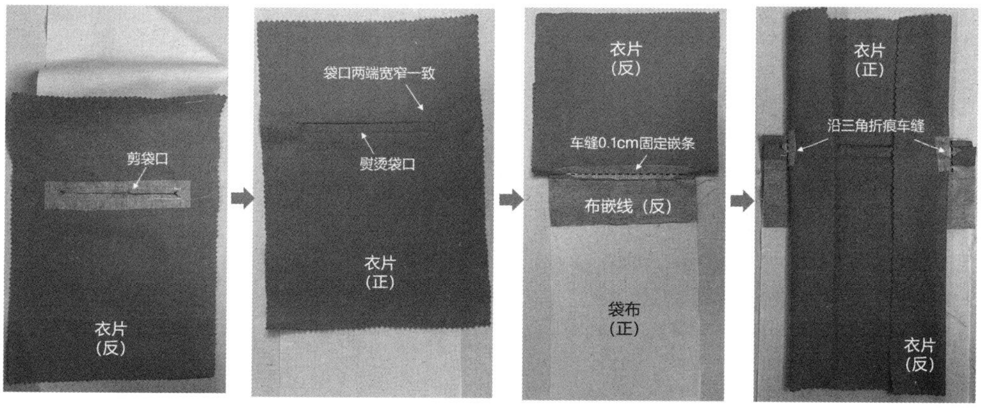

图6-1-21　袋口嵌条固定

⑧封三角。将袋垫布翻进，两边面料、袋布翻起，封三角，倒回针3～4道，封三角时嵌线要方正。

⑨缉袋布。将嵌线下边与袋布下边缘缝合，缝头为1cm；再缝合袋布两边，封口（图6-1-22）。

看一看：单嵌线挖袋缝制-封三角、缉袋布

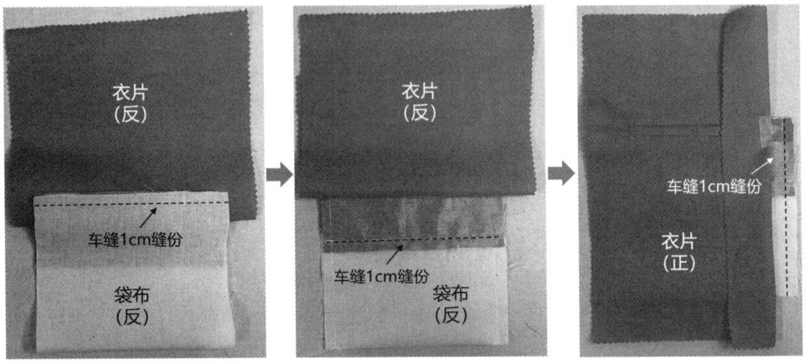

图6-1-22　缉缝袋布

看一看：双嵌线挖袋缝制-烫衬、画线

2. 双嵌线挖袋

①烫衬、确定袋位。在衣片的正面画好袋位线，并在反面袋位中间以及嵌线布上烫衬。

②画线。先在嵌线布的反面画出中线，再分别画出距离中线0.5cm、长度12cm的两条直线，起止点距离为袋口长，起止点的位置与袋口位一致。

看一看：双嵌线挖袋缝制-缉嵌线布、开袋口

③缉嵌线布。将嵌线布与衣片正面相对，沿画线缉两条12cm的直线，两道车缝线垂直距离为1cm［图6-1-23（1）］。

④剪开中线。沿嵌线布中线将袋垫布剪开［图6-1-23（2）］。

⑤开袋口。沿衣片袋口线剪开，离开袋角1cm处，分别向两端剪三角，呈“Y”形，要剪到位，避免剪断缝线。

看一看：双嵌线挖袋缝制-固定嵌线布

⑥分烫嵌线。将上、下嵌线从剪好的袋口翻到衣片的反面，按口袋宽度折烫嵌线布，上、下嵌线布要宽窄一致；再分别距离上、下边缘0.1cm处车缝，固定嵌线，如图6-1-24所示。

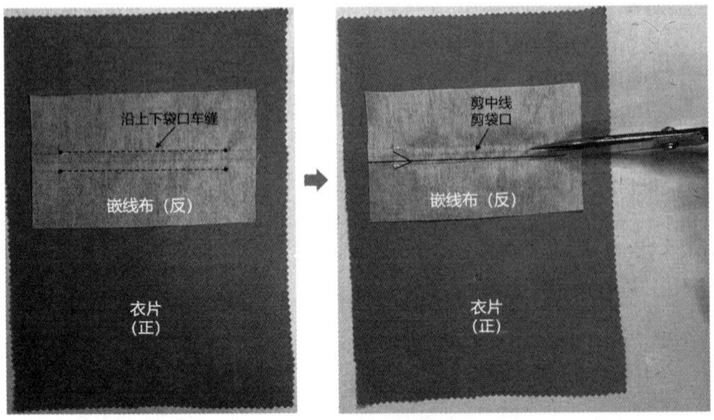

（1）　　（2）

图6-1-23　挖袋口

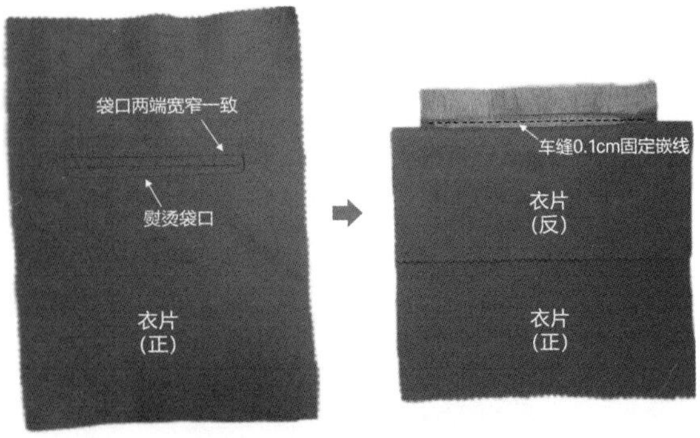

图6-1-24　固定嵌线

⑦封三角。将衣片按袋口两端折转，并将两端的三角沿三角底边车缝，袋角要求方正，不毛露、不抽皱。

⑧缉缝袋垫布。将袋垫布向反面折烫1cm，用扣压缝将袋垫布下边与袋布固定，缉0.1cm明线。

⑨缉袋布。将袋布的上、下边分别与嵌线上、下边缘缝合，缝头为1cm；再缝合袋布两边，封口。

工艺质量要求：开袋位置准确；袋口服帖，袋面无起泡；袋口两端三角牢固，四角方正；缉线圆顺均匀，头尾回针，不散口。

看一看：双嵌线挖袋缝制-装袋布

三、插袋

插袋是指在衣身前后片缝合处，留出袋口的隐蔽性口袋（图6-1-25）。这种口袋的特点在于其隐蔽性，即从外面看并不能直接看到口袋的存在。插袋通常在衣身侧线、公主线或裤缝线上，可以根据设计需求选择缉明线、加袋盖或镶边条等方式进行装饰。插袋有多种应用，例如在夹克、大衣等服装上使用。

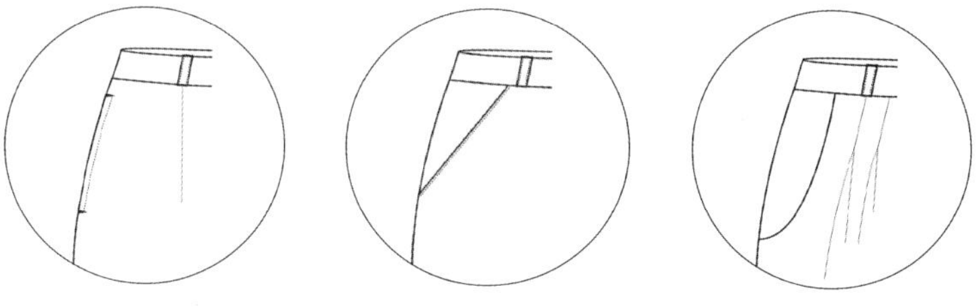

图6-1-25　插袋款式图

1. 直斜插袋

①袋垫布长边缘向反面折烫1cm（图6-1-26）。

②将袋垫布放置于袋布相应位置，沿边缘车缝0.1cm明线一周，与袋布缝合后，修剪缝头（图6-1-27）。

③在衣片袋口处的反面和袋布的反面分别熨烫2cm宽黏合衬，如图6-1-28所示。

图6-1-26　袋垫布折烫

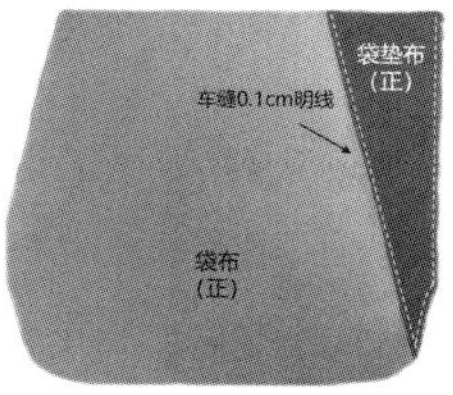

图6-1-27　扣压缝袋垫布

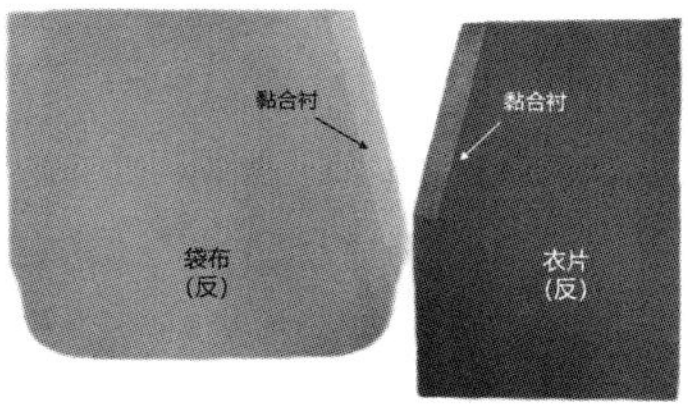

图6-1-28　袋口烫黏合衬

看一看：直斜插袋缝制-缉缝袋垫布

④衣片与袋布面面相对，在袋口烫衬处车缝1cm缝份，如图6-1-29所示。

⑤翻至正面，缝份倒向袋布一侧，并在袋布上沿袋口车缝0.1cm明线，如图6-1-30所示。

⑥折烫袋布，在上口处、下口处分别车缝0.3cm明线固定，如图6-1-31所示。

⑦将袋布从袋口翻出，对齐袋底，车缝1cm缝份将袋底缝合，再将缝头修剪至0.3cm。

⑧缝合后再将袋布翻回口袋内，熨烫平整，并车缝0.3cm明线加固袋底（图6-1-32）。

看一看：直斜插袋缝制-做插袋

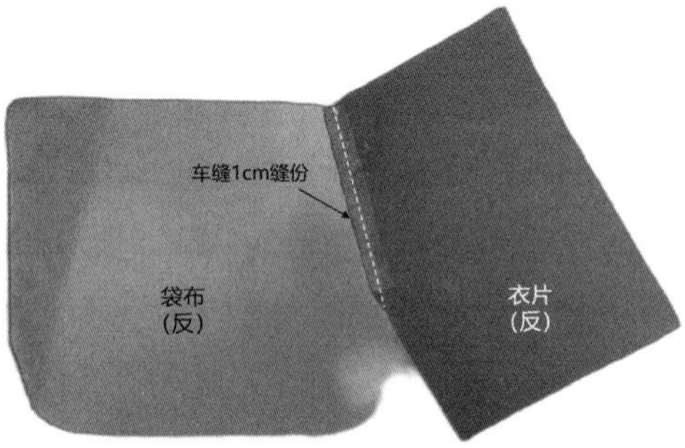

图6-1-29　缝合袋布与衣片

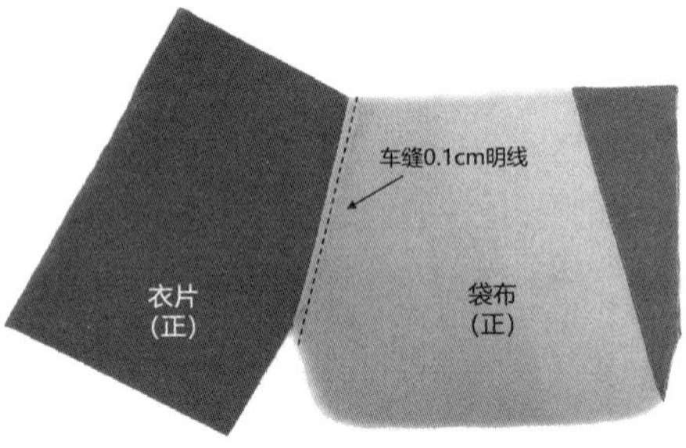

图6-1-30　袋口缉缝明线

图6-1-31　固定袋口

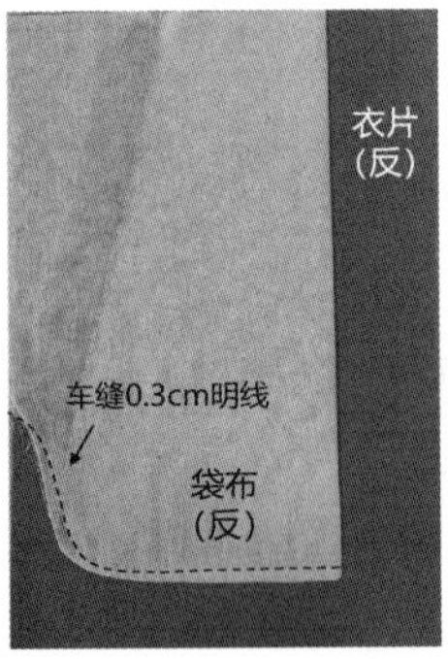

图6-1-32　车缝袋底

2. 侧缝插袋

看一看：侧缝插袋缝制-装袋布

看一看：侧缝插袋缝制-缝合袋布及衣片

①做标记，在袋布和衣片上画出袋口位。

②袋布与衣片面面相对，在边缘车缝1cm缝份，从上止口到下止口，并在止口处打剪口，如图6-1-33所示。

③翻至正面，在袋布上车缝0.1cm明线，从上止口到下止口，再将袋布翻折至衣片反面熨烫平整。

④取另一片袋布，面面相对，在袋口的正面两端，车缝0.3cm缝份稍作固定。

⑤缝合两片袋布，缝份为1cm，再三线包缝袋布边缘，如图6-1-34所示。

⑥取另一个衣片，面面相对，与衣片缝合1cm缝份，如图6-1-35所示；注意，在袋口的上、下止口处打倒回针加固，在缝至袋口时，下层衣片稍拉开，以免被车缝住。

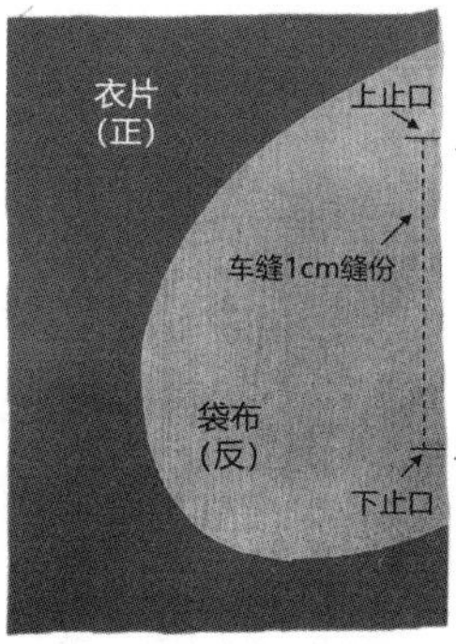

图6-1-33　袋布与衣片缝合

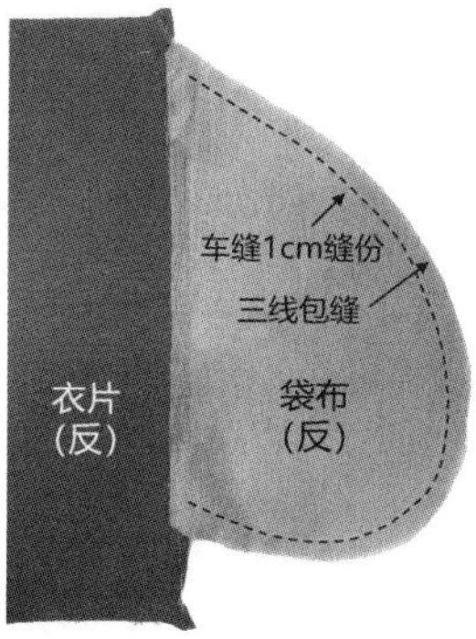

图6-1-34　缝合袋布

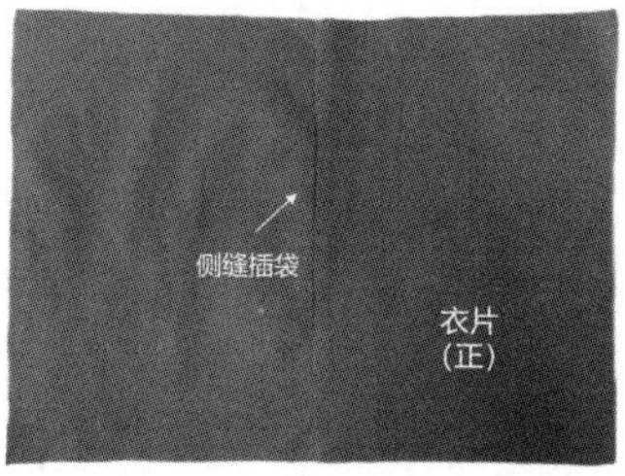

图6-1-35　缝合衣片

思考讨论

1. 口袋在服装中起到什么作用?
2. 口袋主要有哪几大类?
3. 你认为哪种口袋最具有设计空间? 为什么?
4. 口袋的设计如何影响和体现服装风格? 阐述口袋工艺设计与服装风格之间的关系。
5. 简述挖袋的缝制要点。

实践练习

1. 请根据本节的缝制工艺说明及视频，练习各类贴袋、挖袋、插袋的缝制实操。

2. 请选择一种贴袋类型，并自行设计贴袋款式，完成该款贴袋的成品制作。

3. 请应用所学工艺技法，完成并制作一款有盖挖袋（如下图所示）的缝制，并简述其工艺流程。

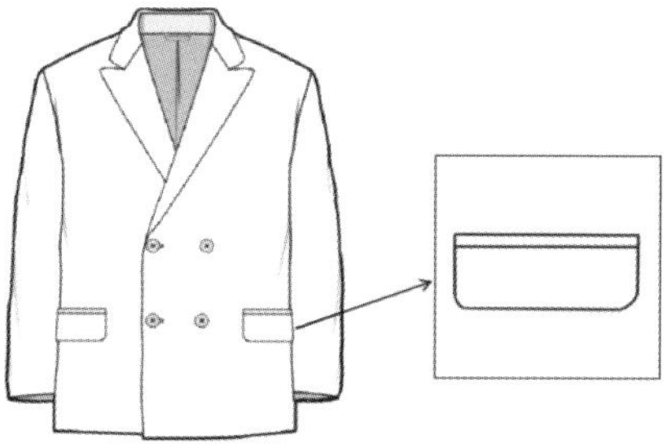

第二节 领子

领子的发展历程是服装史中不可或缺的一部分，它不仅代表着时尚的演变，还反映了不同时期的文化、社会和历史背景。

领子最初并不是服饰上的一个重要元素。在古埃及和古希腊时期，人们的衣服主要以长袍为主，领子并不明显。随着罗马帝国的崛起，服饰开始有了更多变化，领子逐渐出现在衣服上，主要用来保护喉咙和颈部。到了中世纪时期，领子在服饰上的地位变得更加重要，领子不仅具有保护作用，还成了身份和地位的象征；领子的形态和材质也变得更加丰富多样，如尖领、圆领、方领等；此外，领子也成了服饰上的一个重要装饰元素，常常与刺绣、珠宝等相结合，展现出高贵和华丽的气息。随着文艺复兴时期的到来，领子开始变得更加华丽和复杂，领子常常以金银珠宝为材料，形状各异，展现出极高的艺术价值；同时，领巾也开始流行起来，成为女性服饰中不可或缺的一部分。

到了19世纪，随着工业革命的兴起和社会变革的加速，人们开始更加注重时尚和个性化，各种不同形状和风格的领子开始出现，如立领、翻领等。进入20世纪以后，随着时尚潮流的不断变化，领子的形状、材质和颜色得到了极大拓展和创新。

总之，领子的发展历程是一个漫长而复杂的过程。随着时代的变迁和社会的进步，领子的形态、材质和用途都发生了巨大的变化。如今，领子已经成为服装上不可或缺的一部分，展现出时尚和个性化的特点。

领子的种类多种多样，常见的有圆领、方领、衬衫领、立领、娃娃领、翻驳领、荡领等，如图6-2-1所示。下面主要介绍无领、立领、衬衫领、娃娃领的缝制方法。

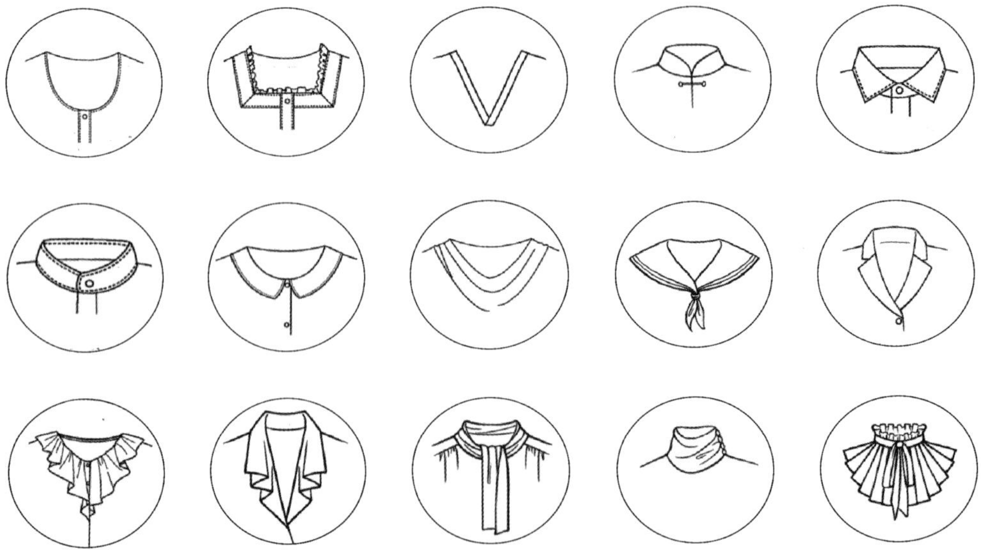

图6-2-1 各类领子款式图

一、无领

无领是只有领圈而无领面的一种领型。这种领型的特点是领口的造型变化即无领的变化，常见的有圆领、方领、V领等，具有轻便、随意、简洁的风格特征。无领造型能充分显示人体颈间部位线条的美感，有利于佩戴项饰，因此受到广泛欢迎。无领多用于夏季服装，其造型变化较多，主要是随着领圈开口的变化而不同。下面以圆领和方领为例，介绍无领的缝制工艺。

1. 圆领

（1）裁片准备。圆领缝制所需的裁片有前片、后片、前领贴、后领贴，如图6-2-2所示。

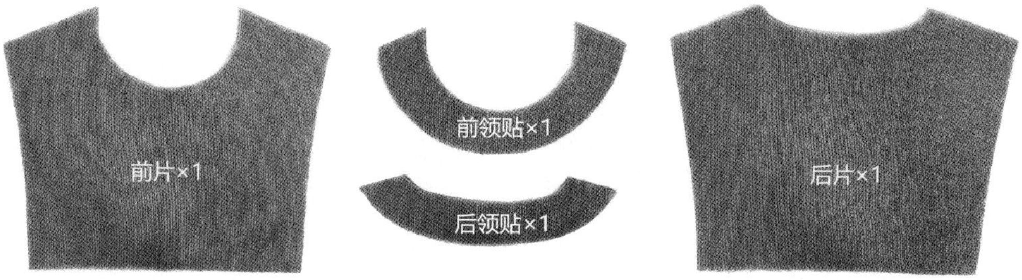

图6-2-2　圆领裁片

（2）缝制工艺。

①首先，分别在前领贴、后领贴熨烫黏合衬。

②将前领贴和后领贴正面相对缝合，缝份为1cm；车缝后将缝份分开烫平，并三线包缝领贴边缘一周（图6-2-3）。

③将前片和后片正面相对，缝合衣片肩缝，缝份为1cm；车缝后将缝份分开烫平，如图6-2-4所示。

看一看：圆领缝制-前后领贴缝合

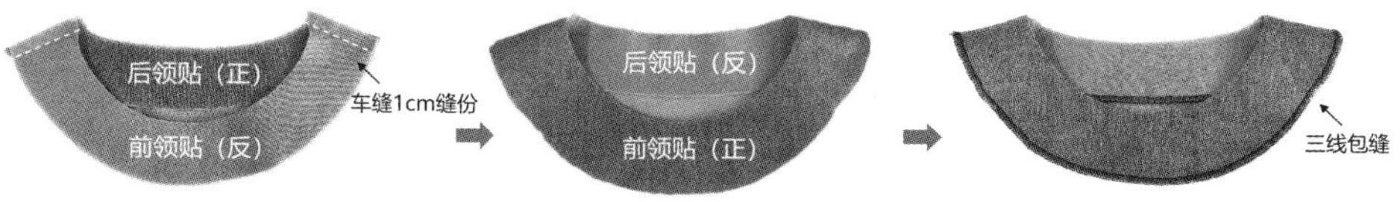

图6-2-3　前后领贴缝合

看一看：圆领缝制-衣身缝合

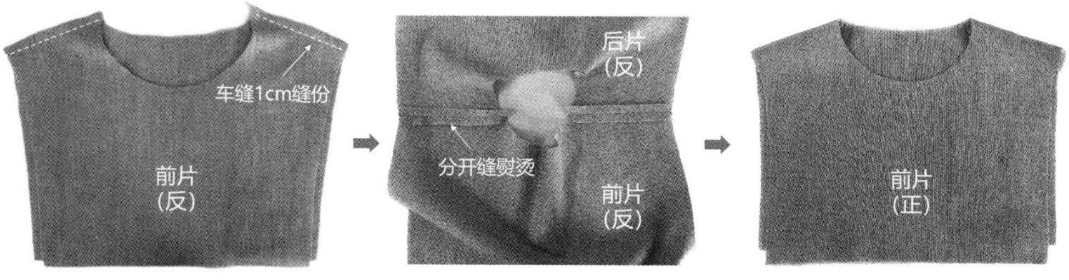

图6-2-4　前后衣片缝合

④领贴与衣片正面相对，前中、后中、肩缝对齐，车缝1cm缝份；缝合后在领圈处打剪口，如图6-2-5所示。

⑤将缝份倒向领贴，在领贴上缉缝一圈0.1cm明线，固定缝份，防止缝头起翘、外吐，如图6-2-6所示。

看一看：圆领缝制-领贴与领圈缝合

⑥翻至正面熨烫领圈缝合线，烫出里外匀，如图6-2-7所示。

⑦为防止穿着过程中向外翻折，可在肩缝漏落缝3~5针，固定领贴，如图6-2-8所示。

圆领缝制的成品效果如图6-2-9所示。

2. 方领

（1）裁片准备。方领缝制所需的裁片如图6-2-10所示。

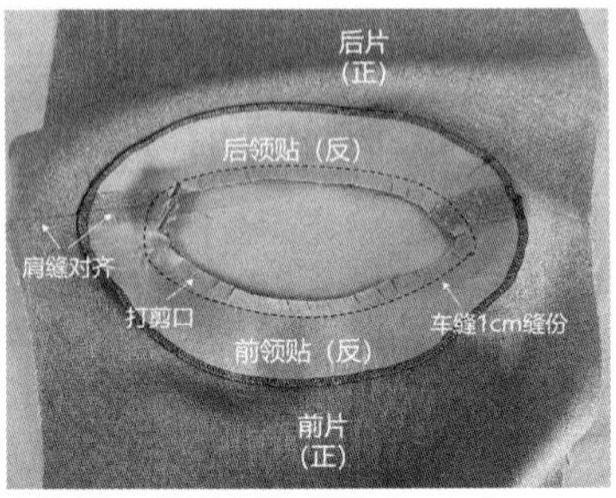

图6-2-5 领贴与衣片缝合

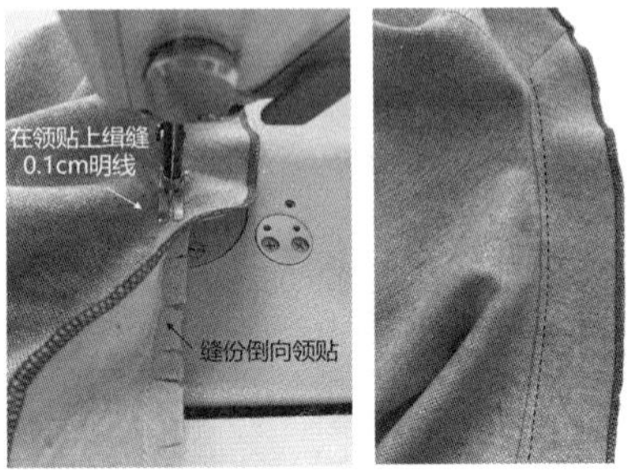

图6-2-6 领圈缝头固定

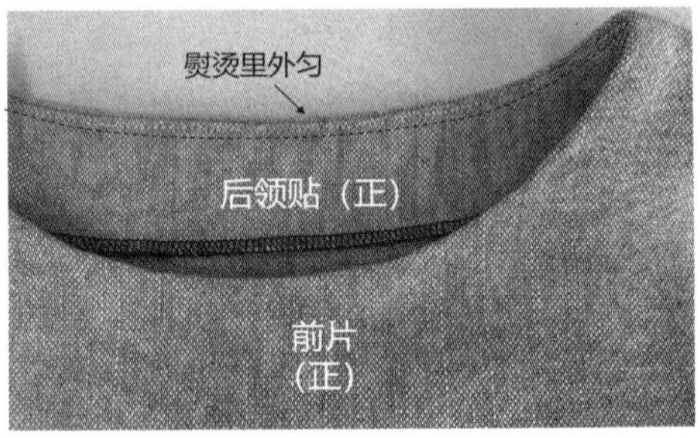

图6-2-7 熨烫领圈里外匀

图6-2-8 漏落缝固定领贴

图6-2-9 圆领

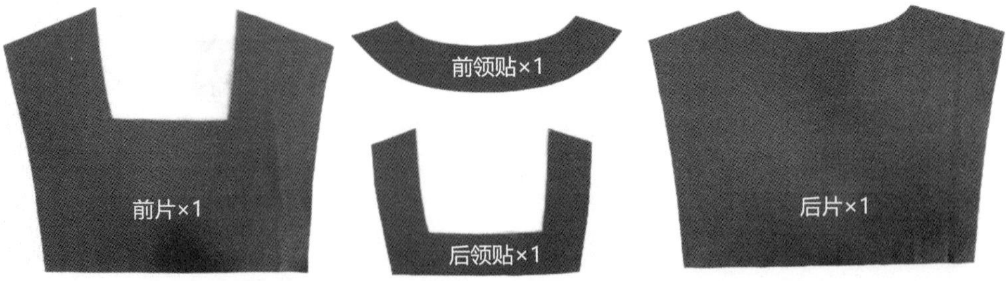

图6-2-10 方领裁片

（2）缝制工艺。

①分别在前领贴、后领贴熨烫黏合衬。

②按净样板扣烫后领贴下边缘和前领贴下边缘。

③将前片和后片正面相对，缝合衣片肩缝，缝份为1cm，车缝后将缝份分开烫平（图6-2-11）。

④将前领贴和后领贴正面相对缝合，缝份为1cm，车缝后将缝份分开烫平（图6-2-11）。

看一看：方领缝制-前后领贴熨烫

图6-2-11　前后衣片及前后领贴缝合

看一看：方领缝制-前后衣片及领贴缝合

⑤将领贴与衣片正面相对，肩缝对齐，后中点对齐，沿领圈车缝1cm缝份。

⑥需在转角处打剪口，以及后领圈弧线处打剪口，使领圈线服帖，如图6-2-12所示。

⑦将缝份倒向领贴，在领贴上车缝一圈0.1cm明线，固定缝份。

⑧翻至正面熨烫领圈缝合线，烫出里外匀。

⑨最后用明缲针固定领贴边缘。

方领缝制的成品效果如图6-2-13所示。

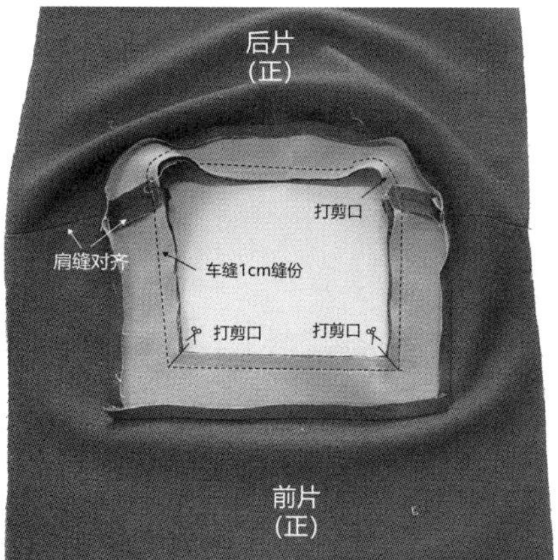

图6-2-12　衣片与领贴缝合

图6-2-13　方领

看一看：方领缝制-领贴与领圈缝合

看一看：方领缝制-固定领贴

二、立领

立领是一种高耸的领子，可能独立于衣身，也可能是直接附在衣服上的一部分。这种设计通常出现在正装中，提供简洁、利落和挺拔的外观。立领起源于中华古文化，特别是汉服，其前身可追溯到周朝深衣中的深交领。如今，立领已经发展成为时尚潮流的一部分，特别是以“中华立领”为标志的新品类。立领的缝制工艺如下：

（1）裁片准备。

①在前片门襟处、领面、领里上熨烫黏合衬，如图6-2-14所示。

②在领面上按净样板画出净样线，如图6-2-15所示。

看一看：立领缝制-烫黏合衬、画净样线

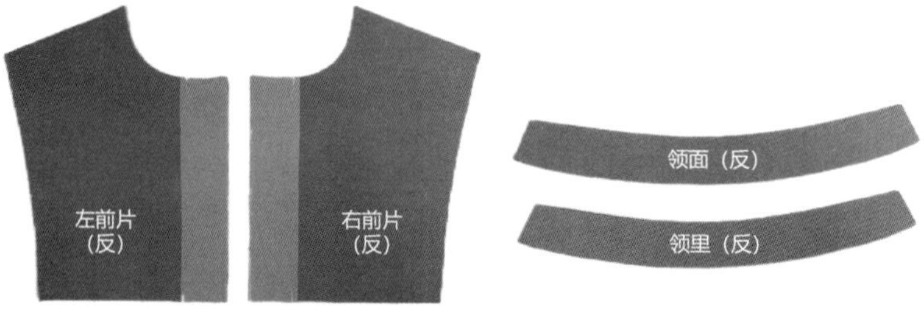

图6-2-14　立领裁片及黏合衬示意图

图6-2-15　画立领净样线

看一看：立领缝制-缝合衣身

（2）衣片缝合。

①按门襟标记向反面折烫门襟，并车缝0.1cm明线，如图6-2-16所示。

②将前后衣片正面相对，缝合肩缝，缝份为1cm；车缝后将缝份进行三线包缝，并向后片烫倒（图6-2-17）。

图6-2-16　衣片门襟缝合

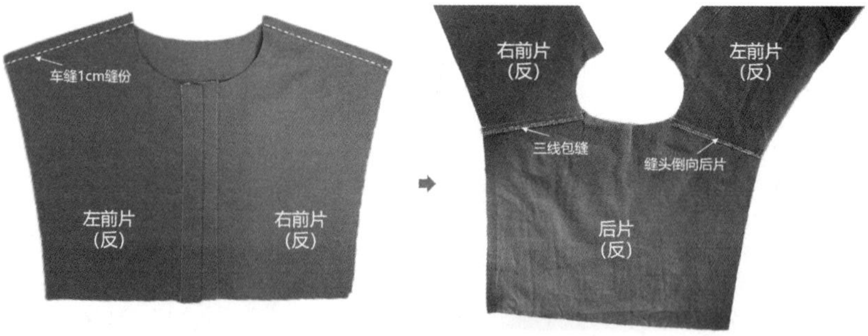

图6-2-17　前后衣片缝合

（3）做立领。

①领面下边缘按净样板扣烫，如图6-2-18所示。

②领面与领里正面相对，按净样线缝合三边，缝合后修剪缝份至0.3cm左右（图6-2-19）。

③翻折熨烫立领，并注意烫出里外匀，检查左右领角是否对称，如图6-2-20所示。

图6-2-18　扣烫领面

图6-2-19　领面领里缝合

看一看：立领缝制-做立领

图6-2-20　领片制作完成

（4）绱领。

看一看：立领缝制-绱领

①将领里的正面与衣片反面相对，车缝1cm缝份，缝合后翻折熨烫缝线，缝头向立领烫倒（图6-2-21）。

②将领面朝上，沿领面下边缘车缝0.1cm明线，固定底领面与衣片（图6-2-22）。

立领缝制的成品效果如图6-2-23所示。

图6-2-21　衣片与领里缝合

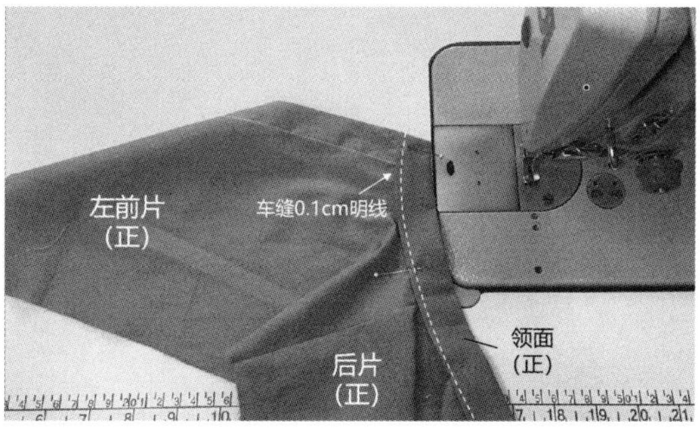

图6-2-22　正面绢缝领面

图6-2-23　立领

三、衬衫领

衬衫领，也称衬衣领，是一种专属于衬衫的领型，由上领和下领两个部分组成。

（1）裁片准备。

①在前片门襟处、翻领、底领上熨烫黏合衬，如图6-2-24所示。

②按翻领净样板将翻领里三边净样线及对标标记画出，再按底领净样板在底领面上画出净样线及对位标记，如图6-2-25所示。

图6-2-24　衬衫领裁片及黏合衬示意图

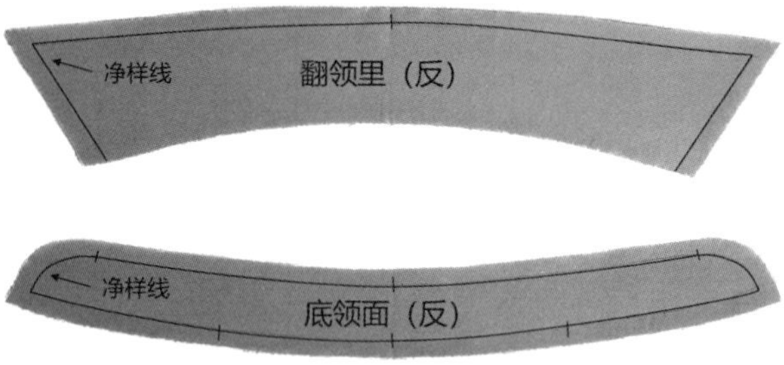

图6-2-25　领片画净样线、做标记

（2）衣片缝合。

①按门襟标记向反面折烫门襟，并车缝0.1cm明线，如图6-2-26所示。

②将前后衣片正面相对，缝合肩缝，缝份为1cm；车缝后将缝份进行三线包缝，并向后片烫倒，如图6-2-27所示。

看一看：衬衫领缝制-门襟缝合

看一看：衬衫领缝制-前后衣片缝合

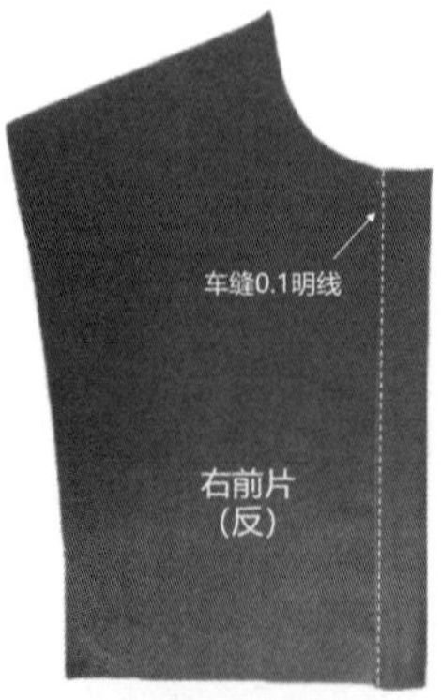

图6-2-26　门襟缝合

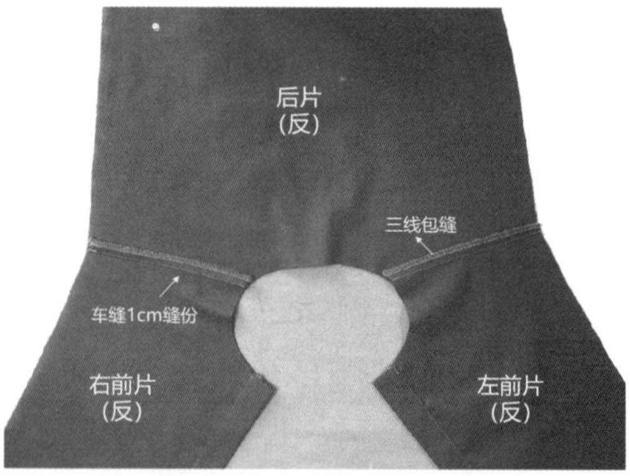

图6-2-27　前后衣片缝合

（3）做翻领。

如图6-2-28所示：

①将翻领面里正面相对，翻领里朝上，沿车缝净样线车缝翻领三边，缝至领角4～5cm处时，稍拉紧领里，可使领角有自然的窝势。

②将缝份修剪至0.5cm，尖角处修剪至0.2cm。

③将翻领翻折至正面，尖角处可借助镊子，再将翻领熨烫平整，需烫出里外匀，并检查领角是否对称。

④将翻领的领里朝上，折叠翻领，在下领口车缝0.5cm，固定翻领下口。

（4）做底领。

①将底领面的下边缘按净样板扣烫折边（图6-2-29）。

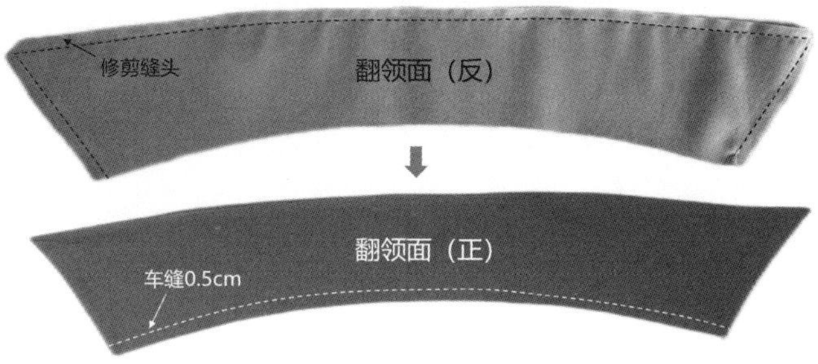

图6-2-28　做翻领

看一看：衬衫领缝制
-做翻领

图6-2-29　扣烫底领面

②底领面与底领里正面相对，再将翻领里与底领里正面相对，放置于底领中间，对位点对齐；再沿净样线车缝，缝合翻领与领底，圆角处可调小针距，使缝线更加圆顺。

③车缝后将缝头修剪至0.5cm，圆角处修剪至0.3cm。翻折熨烫，如图6-2-30所示。

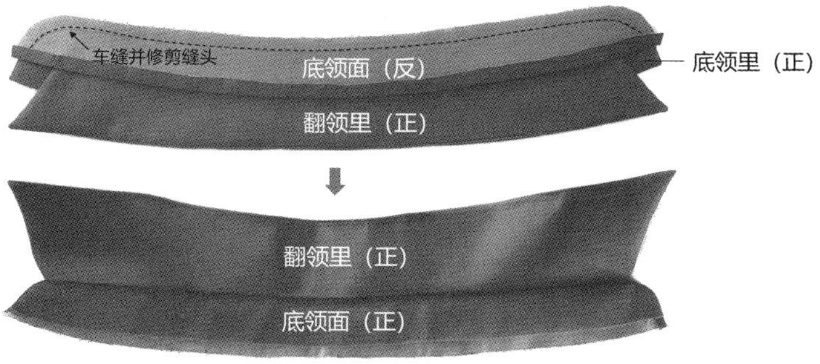

图6-2-30　翻领与底领缝合

看一看：衬衫领缝制
-做底领

看一看：衬衫领缝制-绱领

（5）绱领。

①将底领里的正面与衣片反面相对，车缝1cm缝份，缝合后翻折熨烫缝线，缝头向领底倒（图6-2-31）。

②将底领面朝上，沿底领面下边缘车缝0.1cm明线，固定底领面与衣片（图6-2-32）。

衬衫领缝制的成品效果如图6-2-33所示。

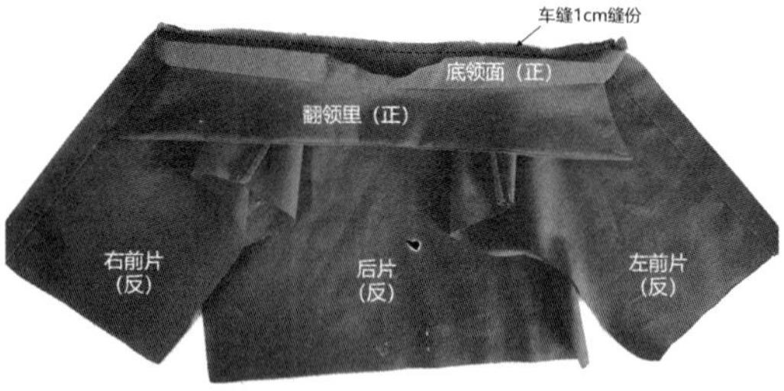

图6-2-31 底领里与衣片缝合

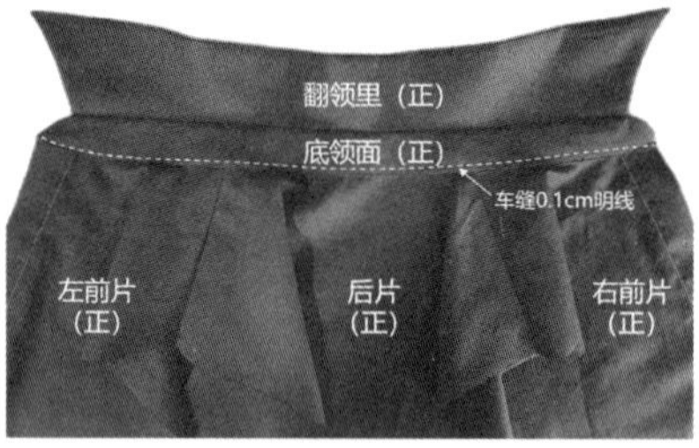

图6-2-32 缉缝底领面

图6-2-33 衬衫领

四、娃娃领

娃娃领又称彼得潘领，来源于彼得·潘（Peter Pan）这一角色。彼得·潘是一个永远也不会长大的男孩，他总是穿着小翻领衬衫，领型略扁且单薄，有时候尖角被演绎成圆角。这种领口最初只是用在童装设计中，但自20世纪60年代开始，也应用在成年女装中。这种领口的设计具有多变特质，以不同尺寸、大小及搭配方式呈现。

（1）裁片准备。

①在领片、后领贴上熨烫黏合衬，如图6-2-34所示。

②按照纸样在后领贴上画出剪口标记线，如图6-2-35所示。

图6-2-34 娃娃领裁片及黏合衬示意图

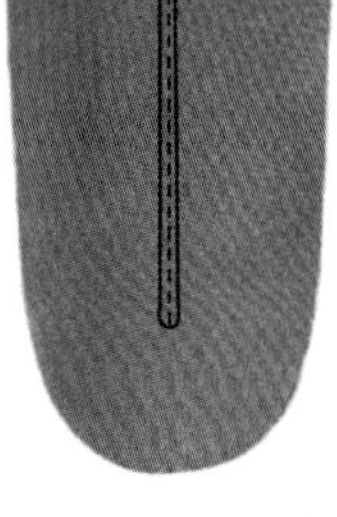
图6-2-35 后领贴画线示意图

（2）后领开衩缝制。

如图6-2-36所示：

①将后片与后领贴正面相对，后中对齐，沿后领贴上的“U”形线迹车缝。

②车缝后，沿中线剪开。

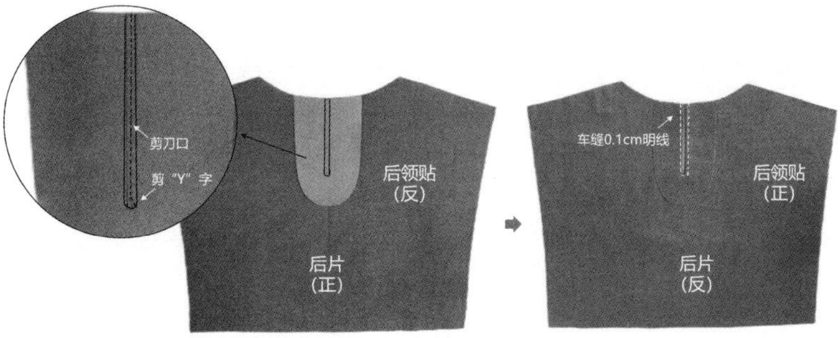

图6-2-36　后领开衩缝制

看一看：娃娃领缝制
-后领开衩缝制

③将缝份倒向后领贴，在后领贴上车缝0.1cm明线固定。

④翻至正面将领贴熨烫平整。

（3）衣片缝合。将前后衣片正面相对，缝合肩缝，缝份为1cm，并将缝头分开缝烫倒，如图6-2-37所示。

（4）做领。

如图6-2-38所示：

①将领面与领里正面相对车缝，缝份为1cm。

②缝合后将缝头修剪至0.5cm，圆角处修剪至0.3cm。

③将领子翻至正面，熨烫出里外匀。

④最后沿领圈线车缝0.5cm固定，车缝时将领片向领里折叠。

（5）绱领。

①先将两片翻领在前中位置缝合固定。

②再将领里的正面与衣片的正面相对，前中、侧颈点等位置对齐，在后领开衩处需将领贴翻至衣片正面，包转领片后中边缘，沿领圈线车缝1cm缝份（图6-2-39）。

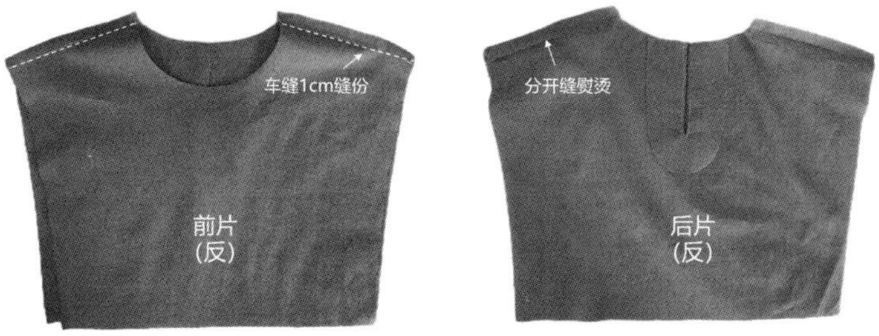

图6-2-37　前后衣片缝合

看一看：娃娃领缝制
-前后衣片缝合

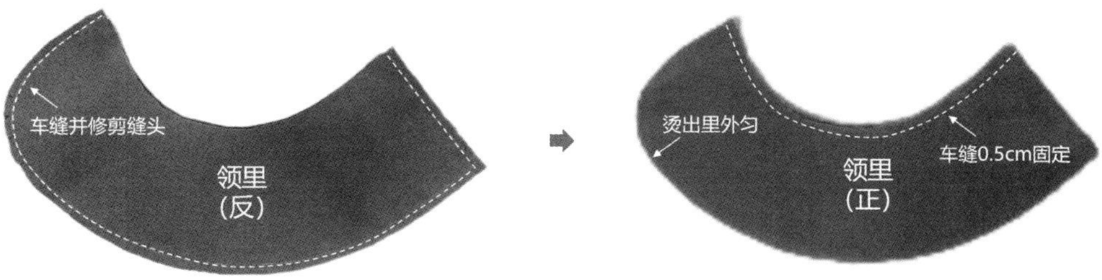

图6-2-38　做领

看一看：娃娃领缝制
-做领

看一看：娃娃领缝制-绱领

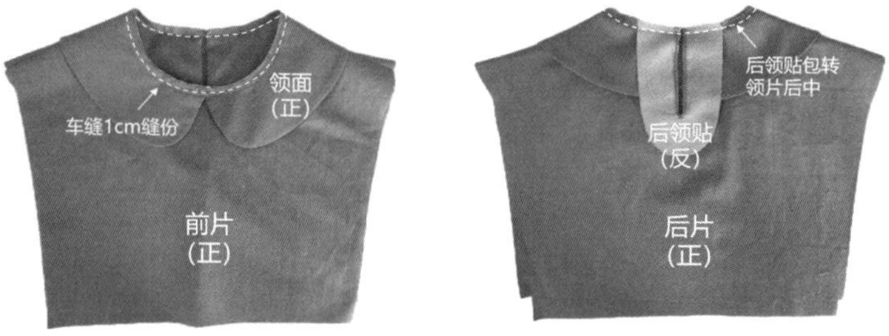

图6-2-39　绱领

看一看：娃娃领缝制-包缝领圈缝头

③车缝后，将缝头修剪至0.7cm左右，并在弧线处打剪口。

④取一条2.5cm宽的斜丝包边条，将包边条与领面正面相对，包边条与后领贴重叠1cm左右，沿绱领线车缝一周，如图6-2-40所示。

⑤翻折包边条，使其将缝头包住，并将缝头向衣片烫倒，沿包边条边缘车缝0.1cm明线固定。

娃娃领缝制的成品效果如图6-2-41所示。

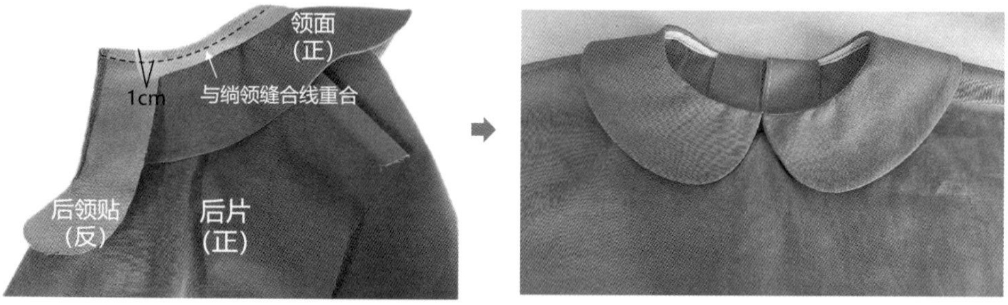

图6-2-40　包缝领圈缝头

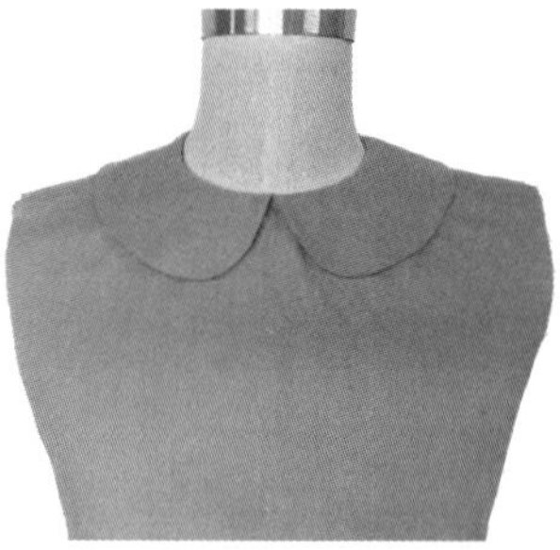

图6-2-41　娃娃领

思考讨论

1. 领子的里外匀是指什么？在缝制时怎样才能处理好里外匀？
2. 无领除了圆领和方领外，还有哪些类型？一般应用在哪种服装类型中？
3. 简述衬衫领的缝制要点。

实践练习

1. 请根据各类领型的工艺说明及视频，练习无领、立领、衬衫领、娃娃领的缝制实操。
2. 请根据自己的设计，选择合适的领型，应用缝制技法完成领子制作。

第三节　袖子

袖子的造型多种多样，可以根据其特点、制作方法和袖片数目进行分类。常见的有普通袖、灯笼袖、泡泡袖、蝙蝠袖、西装袖、连肩袖、衬衫袖等（图6-3-1）。

袖子的发展历程可以追溯到古代。在东方，袖子的基本形态在殷商时期（约公元前1100年）就已经出现，这种袖型起源很早，也是东方民族服装的一种独特造型，衣身和袖片连成一体裁制而成，呈平面形态。由于没有生硬的拼接缝线，肩部平整圆顺，有浑然一体、天衣无缝的感觉，但腋下处往往肥大不合体，出现衣褶堆砌的情况。

在西方，服装则多以包裹或缠卷到人体上或者以无袖的方式存在，到了罗马帝国（公元前510—前531年）才出现袖子，开始是以连袖的形式。到了13世纪，服装的裁剪方式从直线剪裁发展到曲线剪裁，才出现了装袖。装袖起源于意大利北部地区的人体医学解剖实验，当时需要熟练使用剪刀的裁缝从事这个工作，于是创意性地联想到袖子和衣身的组合分类，并考虑到了袖山、袖孔的问题，逐渐就设计出插肩袖来。

在中国，随着各个朝代的更迭，袖子的样式也经历了多次变化。唐朝末期及五代十国时期，社会奢华风气使得宽大的广袖服饰流行起来。到了宋代，人们崇尚清丽，关于衣袖的样式有两个极端，即窄袖极窄、宽袖极宽，追求看起来清爽洒脱。元代开始流行垂胡式衣袖，但与前期汉时期流行的垂胡式并不相同，元代更多是琵琶式的衣袖。到了明代，无论宽袖还是窄袖，样式基本是以琵琶式为主。到了清代，流行窄袖紧身，追求简洁清秀的服饰风格。

虽然每个时期的服饰袖子都有各自时代的发展特点，但大多袖型在同一时代都是同时发展和存在的。在设计过程中，要考虑到人体手臂的活动需求，并在适当的部位留有适当的松量。同时，根据款式、面料和风格，可以进行相应的变化和调整，还有更多的设计等待创意的发挥。

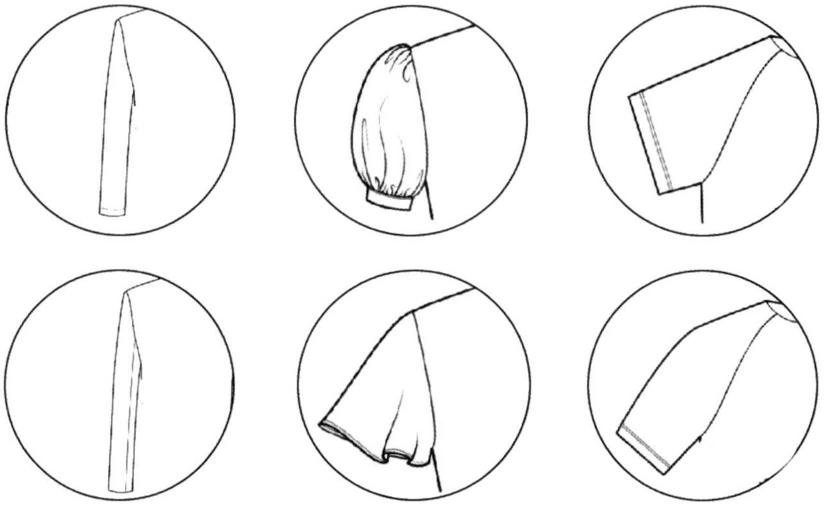

图6-3-1　袖子款式图

下面主要介绍普通袖、泡泡袖、两片袖、插肩袖等常见袖型的缝制方法。

一、普通袖

普通袖，也称常规袖，是一种常见的手臂覆盖物，通常用于保暖或装饰。普通袖通常采用与衣身相同的面料制作，也可以使用不同的面料来增加对比和变化。根据款式和用途的不同，普通袖的形状、长度和宽松度也会有所不同。

（1）裁片准备。普通袖缝制所需的裁片如图6-3-2所示。

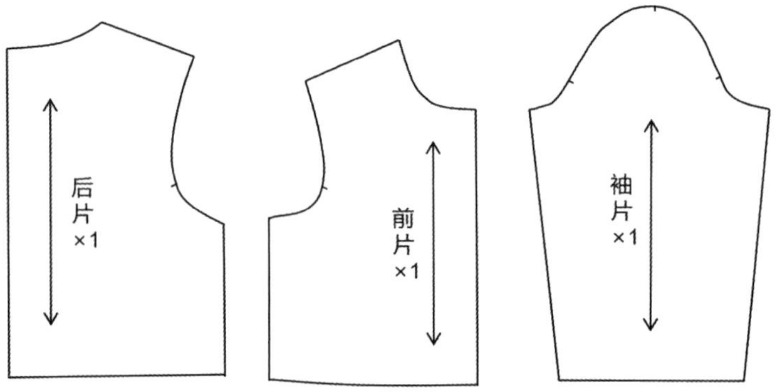

图6-3-2　普通袖裁片示意图

看一看：普通袖缝制-袖山缩缝

看一看：普通袖缝制-装袖

（2）缝制工艺。

①缝合袖底缝。将前后袖底缝对齐，在反面车缝1cm缝份，分开缝熨烫平整。

②缩缝袖山弧线。如图6-3-3所示，沿袖山弧线边缘0.5cm处用长针距车缝一道线，缉线时起始和结尾都不打倒回针，留出一段缝纫线；再将假缝线的底线挑出，抽紧成细褶状，袖山呈自然扣势，以袖中线为中心向两边均匀抽线。

③装袖。首先将袖底缝与侧缝对齐、前后刀口对齐、肩缝与袖山点对齐，用珠针固定；再从袖底缝开始，沿袖窿弧线车缝1cm缝份，注意不能缝出死褶，如图6-3-4所示。

普通袖的成品效果如图6-3-5所示。

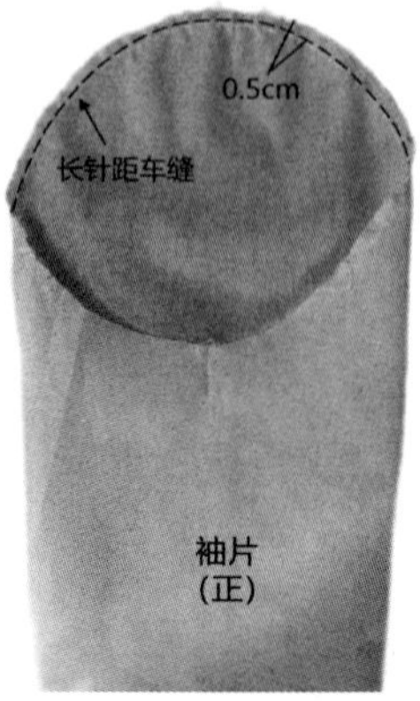

图6-3-3　袖山缩缝

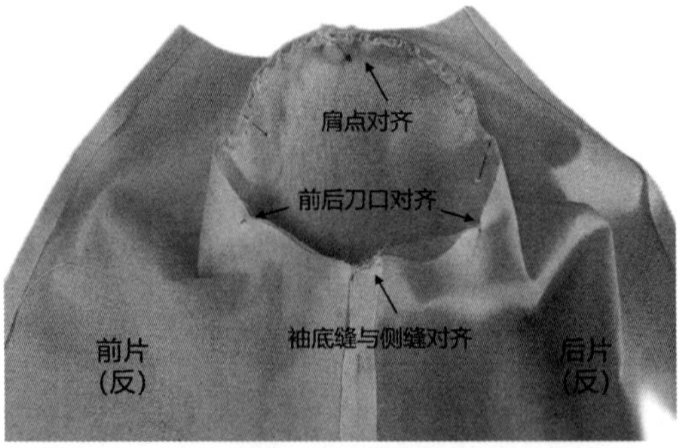

图6-3-4　装袖

图6-3-5　普通袖

二、泡泡袖

泡泡袖是指在袖山处抽碎褶而蓬起呈泡泡状的袖型，常用于女装及童装中，其袖子有长短之分，而缝制方法相同。下面以短袖为例，说明泡泡袖的缝制工艺。

（1）裁片准备（图6-3-6）。

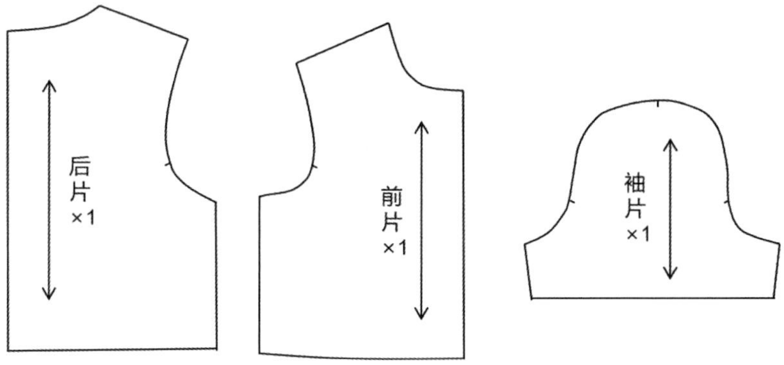

图6-3-6　泡泡袖裁片示意图

（2）缝制工艺。

①袖口处理。将袖口线向反面折烫1cm。

②缝合袖底缝。将前后袖底缝对齐，在反面车缝1cm缝份，分开缝熨烫平整（图6-3-7）。

③缩缝袖山弧线。沿袖山弧线边缘0.5cm处用长针距车缝一道线，缉线时起始和结尾都不打倒回针，留出一段缝纫线；再将假缝线的底线挑出，抽紧成细褶状，袖山呈泡泡状，两边均匀抽线，如图6-3-8所示。

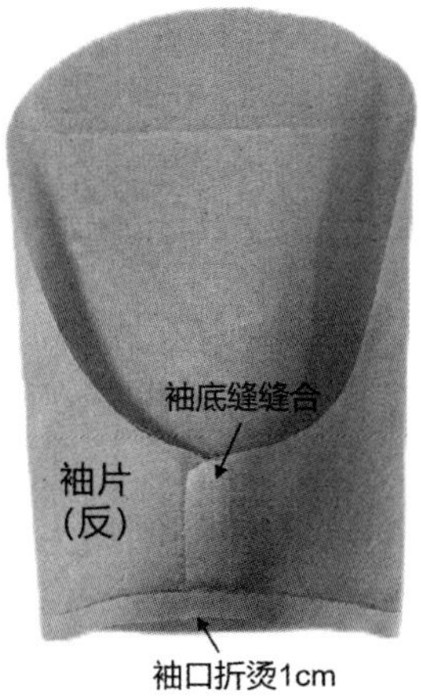

图6-3-7　袖底缝缝合

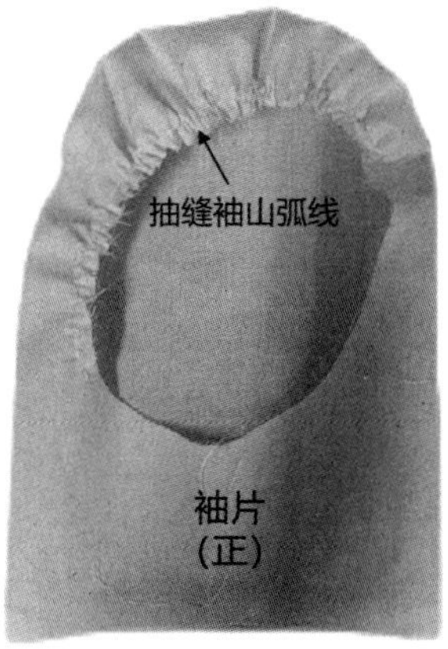

图6-3-8　袖山缩缝

看一看：泡泡袖缝制
-缩缝袖山

④装袖。首先将袖底缝与侧缝对齐、前后刀口对齐、肩缝与袖山点对齐，调整褶皱量和均匀程度，并用珠针固定；再从袖底缝开始，沿袖窿弧线车缝1cm缝份（图6-3-9）。

泡泡袖的成品效果如图6-3-10所示。

看一看：泡泡袖缝制-装袖

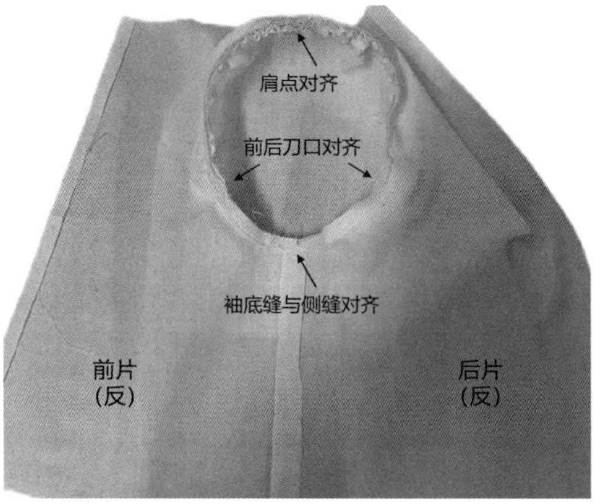

图6-3-9　装袖

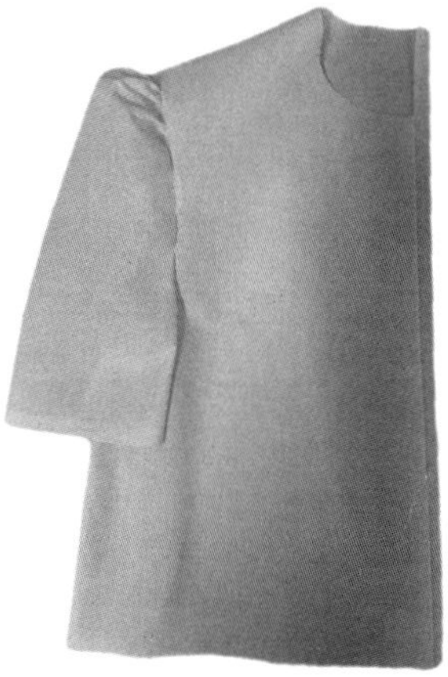

图6-3-10　泡泡袖

三、两片袖

两片袖是由两片面料构成的衣袖。这种设计有别于一片袖的最大特点在于其合体，能够更加准确地控制袖身的肥度、弯曲度及袖山高，加以塑形以对应手臂的自然下垂。

（1）裁片准备（图6-3-11）。

（2）缝制工艺。

①归拔烫大袖。将大袖片前袖肘弯位置拔开，后袖适当归拢。

②缝合大小袖。小袖在上、大袖在下，正面相对，按1cm缝份分别车缝前袖缝和后袖缝，并将缝头分开缝熨烫，图6-3-12所示。

③熨烫袖口。将袖口向反面折烫1cm缝份。

④缩缝袖山弧线。方法一：沿袖山弧线边缘0.5cm处用长针距车缝一道线，将假缝线的底线挑出，抽紧成细褶状，袖山呈自然扣势。方法二：用2cm宽的斜条与袖山缝合，缩放一定吃势量，适用于吃量大的袖子。

⑤装袖。首先将袖底缝与侧缝对齐、前后刀口对齐、肩缝与袖山点对齐，调整褶皱量和均匀程度，并用珠针固定；再从袖底缝开始，沿袖窿弧线车缝1cm缝份，如图6-3-13所示。

两片袖的成品效果如图6-3-14所示。

看一看：两片袖缝制-做袖

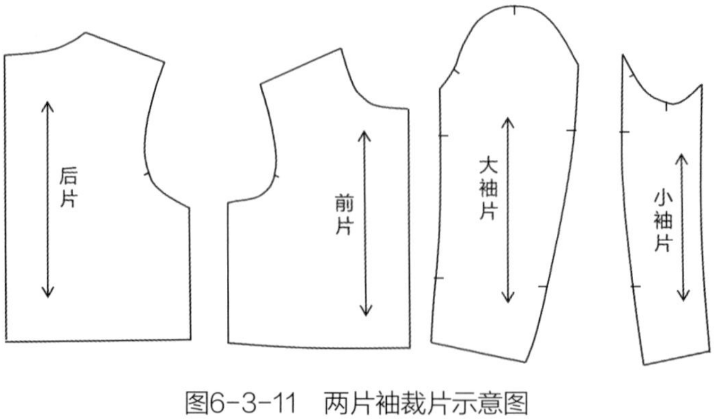

图6-3-11　两片袖裁片示意图

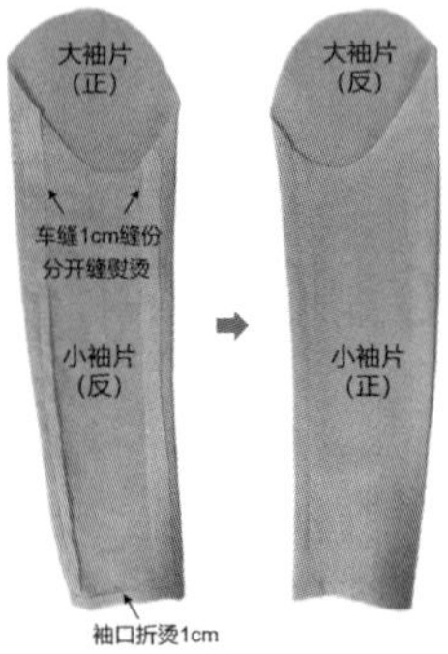

图6-3-12　大小袖缝合

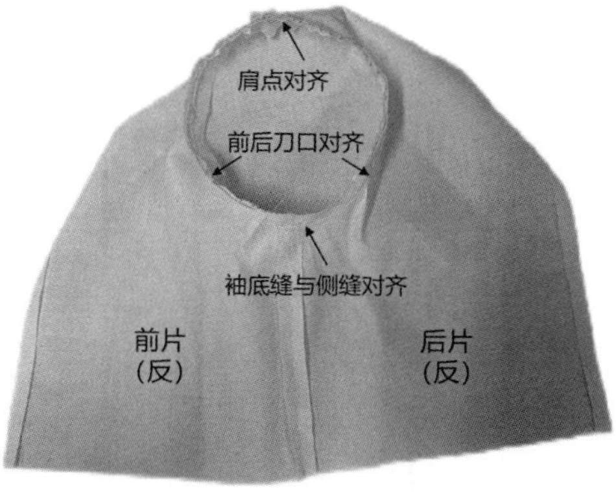

图6-3-13　装袖

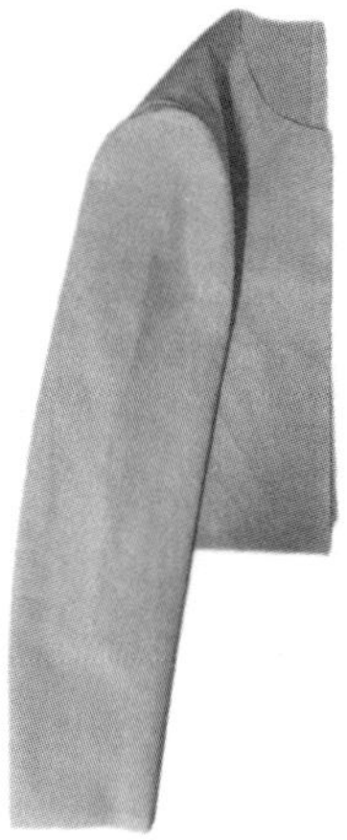

图6-3-14　两片袖

看一看：两片袖缝制-装袖

四、插肩袖

插肩袖是一种结构独特的袖型，其核心特点是肩部与袖子连为一体，因此也可称为连肩袖。其通过斜向剪裁实现无肩线设计，兼具功能性与美观性。

（1）裁片准备（图6-3-15）。

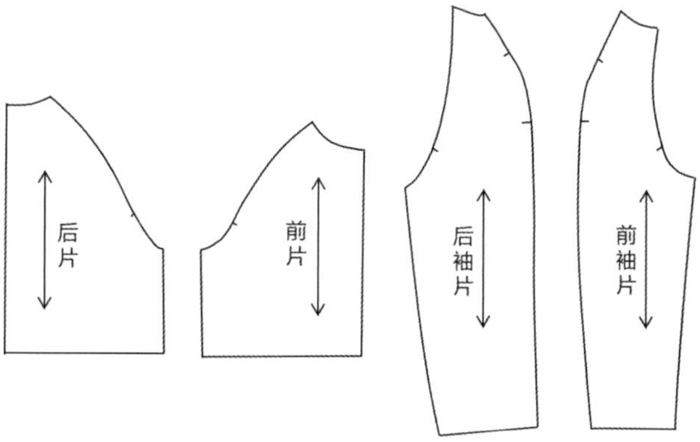

图6-3-15　插肩袖裁片示意图

（2）缝制工艺。

①缝合前后袖片。将前后袖片正面相对，缝合袖内侧缝和中心线，车缝1cm缝份，如图6-3-16所示。

②熨烫肩缝。将袖子翻至正面，拔开熨烫中心线肩部部分，如图6-3-17所示。

③熨烫袖内侧缝、中心线。在烫凳上分开熨烫袖内侧缝、中心线的缝份，将缝头熨烫平整（图6-3-18）。

④熨烫袖口。将袖口向反面折烫1cm缝份。

⑤装袖。将袖内侧缝与衣身侧缝对齐，袖子与衣身正面相对，车缝1cm缝份缝合衣身与袖子。

插肩袖缝制的成品效果如图6-3-19所示。

看一看：插肩袖缝制
-缝合前后袖片

图6-3-16 前后袖片缝合

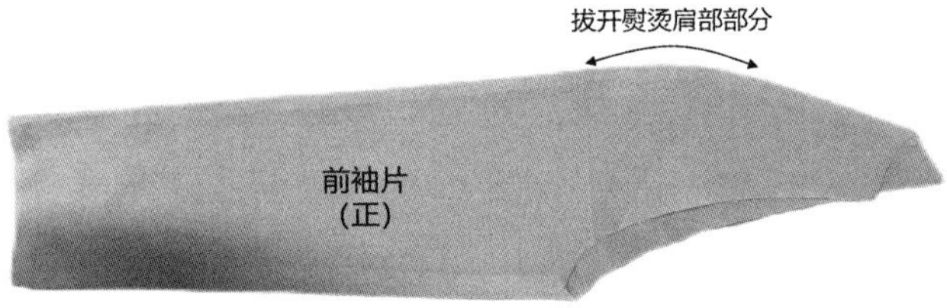

图6-3-17 熨烫肩缝

看一看：插肩袖缝制
-装袖

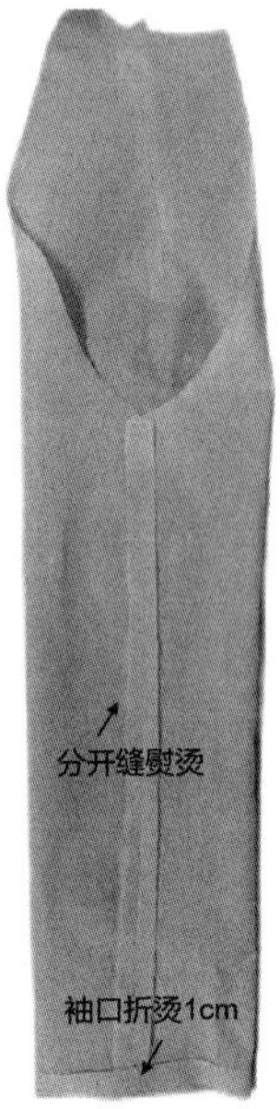

图6-3-18 熨烫袖内侧缝及袖口

图6-3-19 插肩袖

思考讨论

1. 袖山缩放有哪几种方法？
2. 绱袖时需要对齐的标记点有哪些？
3. 简述两片袖的缝制要点。

实践练习

1. 请根据各类袖型的工艺说明及视频，练习普通袖、泡泡袖、两片袖、插肩袖的缝制。

2. 请选择一种袖型，加以设计，完成该款袖子的成品制作。

思政训练

1. 中山装的诞生，是中国服装发展史上一场震撼性的革命。请分析中山装的部件及其类型，并简要阐述中山装口袋、纽扣的历史含义。

2. 基于第三节中袖子的简要介绍，进一步查阅资料了解袖子的发展与演变，感受服饰文化的历史流变。

参考文献

[1] 刘锋. 图解服装裁剪与缝纫工艺：基础篇[M]. 北京：化学工业出版社，2020.

[2] 赵欲晓，刘美华，李海霞. 服装纸样与工艺：第2版[M]. 北京：中国纺织出版社，2020.

[3] 鲍卫君. 服装现代制作工艺：第2版[M]. 杭州：浙江大学出版社，2012.

[4] 余国兴. 服装工艺：提高篇[M]. 上海：东华大学出版社，2015.

[5] 周捷，田伟. 女装缝制工艺：第2版[M]. 上海：东华大学出版社，2019.

[6] 余国兴. 服装工艺：基础篇[M]. 上海：东华大学出版社，2016.

[7] 文家芹，王丽霞，王瑞芹. 实用服装裁剪与缝制轻松入门——工艺篇[M]. 北京：中国纺织出版社，2021.

[8] 刘锋. 图解服装裁剪与缝纫工艺：成衣篇[M]. 北京：化学工业出版社，2020.

[9] 中屋典子，三吉满智子，孙兆全，等. 服装造型学：技术篇Ⅰ[M]. 北京：中国纺织出版社，2004.

[10] 艾莉森·史密斯. 缝纫技法大百科[M]. 王晨曦，译. 郑州：河南科学技术出版社，2019.

[11] 朱莉·科尔，莎伦·卡扎切尔. 服装制作工艺：服装专业技能全书（上）（修订本）[M]. 王俊，译. 上海：东华大学出版社，2021.

[12] 朱莉·科尔，莎伦·卡扎切尔. 服装制作工艺：服装专业技能全书（下）（修订本）[M]. 王俊，译. 上海：东华大学出版社，2021.

[13] 王京菊，王健，杨挺. 服装工艺与制作实例完全解析[M]. 北京：化学工业出版社，2019.

[14] 潘波，赵欲晓. 服装工业制版：第2版[M]. 北京：中国纺织出版社，2010.

[15] 张文斌. 成衣工艺学：第3版[M]. 北京：中国纺织出版社，2008.